高等院校计算机任务驱动教改教材

软件测试技术

何春梅 唐滔 主编 苟英 陈怡然 谭凤 副主编

清华大学出版社

北京

内 容 简 介

本书详细地介绍了软件测试的各个方面,从测试概念、测试模型、测试过程、测试阶段等各个不同的视角来探讨软件测试的重要性,重点讲解了软件测试的各种方法和技术,并将它们应用在软件测试框架的不同阶段,以满足不同的应用系统测试的需求。本书尽量使软件测试的理论知识点具有良好的衔接性和系统性,使需求和验收测试评审、测试设计、执行测试与各个阶段的实际测试活动有机地结合起来,使读者更容易领会如何将测试的方法和技术应用到各个测试阶段和本地化测试中去。本书还讲解了丰富的实例和实践要点,更好地体现了软件测试学科的特点,帮助读者快速地将理论知识与实践结合起来。

本书用了较大篇幅详细介绍了自动化测试的原理、方法和工具,通过一些典型的测试工具展示了自动化测试的过程,使读者能够更直观地理解自动化测试的技术和具体的实践方法。

本书适合作为应用型本科和高职高专计算机专业的教材,也可以作为计算机从业人员的学习用书。

图书在版编目(CIP)数据

软件测试技术/何春梅,唐滔主编. —北京:清华大学出版社,2017(2019.7重印)
(高等院校计算机任务驱动教改教材)
ISBN 978-7-302-47363-3

Ⅰ.①软… Ⅱ.①何… ②唐… Ⅲ.①软件－测试－高等学校－教材 Ⅳ.①TP311.55

中国版本图书馆 CIP 数据核字(2017)第 124137 号

责任编辑:张龙卿
封面设计:徐日强
责任校对:李　梅
责任印制:杨　艳

出版发行:清华大学出版社
　　网　　　址:http://www.tup.com.cn,http://www.wqbook.com
　　地　　　址:北京清华大学学研大厦 A 座　　　　　　　邮　　编:100084
　　社 总 机:010-62770175　　　　　　　　　　　　　　邮　　购:010-62786544
　　投稿与读者服务:010-62776969,c-service@tup.tsinghua.edu.cn
　　质量反馈:010-62772015,zhiliang@tup.tsinghua.edu.cn
　　课件下载:http://www.tup.com.cn,010-62770175-4278
印 刷 者:北京富博印刷有限公司
装 订 者:北京市密云县京文制本装订厂
经　　销:全国新华书店
开　　本:185mm×260mm　　　　印　　张:12.5　　　　字　　数:302 千字
版　　次:2017 年 8 月第 1 版　　　　　　　　　　　　　印　　次:2019 年 7 月第 3 次印刷
定　　价:38.00 元

产品编号:072076-01

前　言

近年来，计算机技术突飞猛进，软件的开发与使用越来越普遍、越来越高端，从早期的数值计算，到现在云计算、互联网＋、电子商务、大数据等，涉及各个领域。软件中存在的问题或安全漏洞也频繁出现，显然，软件的质量保证越来越受到重视。而目前我国软件测试行业的从业人员相当缺乏，并且在 IT 行业中重视程度不够。

本书从软件测试的基础开始，将软件测试的测试流程与软件开发的流程联系起来作为主线，介绍软件测试的过程、测试计划、测试用例设计与实施、测试缺陷跟踪以及测试分析等。在测试的不同阶段开始单元测试、集成测试、系统测试、验收测试等；在不同阶段选择不同的测试方法和技术，如静态测试、白盒测试、黑盒测试等，并分别介绍怎样使用自动化工具对相关软件进行测试，主要介绍了功能自动化工具 QPT 以及性能测试工具 LoadRunner 的基本使用方法，还以案例穿插介绍了缺陷管理工具 JIRA。

本书的特点如下。

(1) 软件测试知识点全面。本书包括基本的软件测试理论知识，也包括当今业界常用的测试方法。

(2) 具有科学、系统的工程观点和方法。全书以软件工程开发系统的科学思想，将软件测试贯穿于整个软件生命周期，介绍了软件测试在软件生命周期中各个阶段采用的方法和应用。

(3) 理论联系实际。本书各个章节都提供了大量的应用实例以说明各个测试知识点的运用，并且每章后附有习题和练习。

本书由何春梅、唐滔任主编，苟英、陈怡然、谭凤任副主编。何春梅主持了全书的编写以及审稿工作，苟英负责全书的总体框架设计和统稿工作。第1～4章由苟英编写，第5和6章由何春梅编写，第7章由谭凤编写，第8～11章由唐滔编写，第12～14章由陈怡然编写。本书在编写过程中得到了重庆工程学院软件学院师生的大力支持，在此表示感谢！

由于作者水平有限，书中疏漏之处在所难免，欢迎广大读者提出宝贵意见。

编　者

2017 年 5 月

目　录

第 1 章　软件测试概述

本章目标

- 了解软件测试的背景
- 掌握软件缺陷的定义及缺陷跟踪流程
- 熟悉软件测试的复杂性与经济性分析
- 掌握软件测试的定义
- 熟悉软件测试人员应具备的素质

本章单词

test case：_____　　bug：_____

static testing：_____　　walkthrough：_____

软件测试是软件开发过程中的重要阶段,它是伴随着软件的产生而产生的。软件测试是保证软件质量、提高软件可靠性的重要途径。软件测试的质量与测试人员的技能、经验以及对被测软件的理解密切相关。在最初的软件开发过程中,软件规模小而简单,开发过程随意而无序。软件测试的含义也比较狭窄,仅仅等同于调试,往往由开发人员兼任测试工作,目的是为了纠正软件中存在的已知问题。对测试的投入少,测试介入晚,往往是等到代码成形,产品完成后才进行测试。随着时间的推移,软件测试的内涵在不断丰富,人们对软件测试的认识在不断深入。要完整地理解软件测试,就要从不同角度去审视。

1.1　软件测试产生的背景

早期的软件开发过程中,开发人员将测试等同于"调试",目的是纠正软件中已知的故障,常常由开发人员自己完成这部分的工作。对测试的投入极少,测试介入也晚,常常是等到形成代码,产品已经基本完成时才进行测试。

直到 1957 年,软件测试才开始与调试区别开来,作为一种发现软件缺陷的活动。由于一直存在着"为了让我们看到产品在工作,就得将测试工作往后推一点"的思想,潜意识里对测试的目的就理解为"使自己确信产品能工作"。测试活动始终晚于开发的活动,测试通常被作为软件生命周期中最后一项活动而进行。当时也缺乏有效的测试方法,主要依靠错误推测(Error Guessing)寻找软件中的缺陷。因此,大量软件交付后,仍存在很多问题,软件产品的质量无法保证。

20 世纪 70 年代,这个阶段开发的软件仍然不复杂,但人们已开始思考软件开发流程的问题,尽管对"软件测试"的真正含义还缺乏共识,但这一词条已经频繁出现。一些软件测试的探索者们建议在软件生命周期的开始阶段就根据需求制订测试计划,这时也涌现出一批软件测试的宗师,Bill Hetzel 博士和 Glenford J. Myers 就是其中的领导者。

20 世纪 80 年代初期,软件和 IT 行业进入了大发展时期,软件趋向大型化、高复杂度,所以软件的质量越来越重要。这个时候,一些软件测试的基础理论和实用技术开始形成,并且人们开始为软件开发设计了各种流程和管理方法,软件开发的方式也逐渐由混乱无序的开发过程过渡到结构化的开发过程,以结构化分析与设计、结构化评审、结构化程序设计以及结构化测试为特征。人们还将"质量"的概念融入其中,软件测试定义发生了改变,测试不单纯是一个发现错误的过程,而且将测试作为软件质量保证(SQA)的主要职能。此时软件开发人员和测试人员开始坐在一起探讨软件工程和测试问题。软件测试已有了行业标准(IEEE/ANSI),需要运用专门的方法和手段。

在竞争激烈的今天,无论是软件的开发商还是软件的使用者,都生存在竞争环境中。软件开发商为了占有市场,必须把产品质量作为企业的重要目标之一,以免在竞争中被淘汰出局。用户为了保证自己的业务顺利完成,当然希望选用优质的软件。质量不佳的产品不仅会使开发上的维护费用和用户的使用成本增加,还可能产生其他的问题,造成公司信誉下降。一些关键的应用领域如果质量有问题,还可能造成灾难性的后果。现在人们已经逐步认识到软件中存在的错误导致了软件开发在成本、进度和质量上的失控。由于软件是由人来完成的,所以它不可能十全十美,虽然不可能完全杜绝软件中的错误,但是可以用软件测试等手段使程序中的错误数量尽可能少,密度尽可能小。

　　国际上,软件测试(软件质量控制)是一件非常重要的工作,测试也作为一个非常独立的职位。IBM、微软等开发大型系统软件公司,很多重要项目的开发测试人员的比例能够达到1∶2甚至1∶4。在软件测试技术方面,自动化测试系统(ATS,automatic test system)正朝着通用化、标准化、网络化和智能化的方向迈进。20世纪90年代中期以来,自动测试系统开发研制的指导思想发生了重大变化,以综合通用的 ATS 代替某一系列,采用共同的硬件及软件平台实现资源共享的思想受到高度重视。其主要思路是:采用共同的测试策略,从设计过程开始,通过"增值开发"的方式使后一阶段测试设备的研制能利用前一阶段的开发成果;TPS 要能够移植,软件模块可以重用;使用商业通用标准、成熟的仪器设备,缩短研发时间,降低开发成本并且易于升级和扩展。

　　国内软件测试的现状主要表现在以下方面。

　　(1)软件测试的地位还不高,在很多公司还是一种可有可无的地位,大多只停留在软件单元测试、集成测试和功能测试上。

　　(2)软件测试标准化和规范化不够。

　　(3)软件测试从业人员的数量同实际需求有不小差距,国内软件企业中开发人员与测试人员数量一般为5∶1,国外一般为2∶1或1∶1,而最近有资料显示微软已把此比例调整为1∶2。

　　(4)国内缺乏完全商业化的操作机构,一般只是政府部门的下属机构在做一些产品的验收测试工作,实质意义不大,软件测试产业化还有待开发和深掘。

　　因此,我国的软件测试行业较欧美国家的差距还比较大。通过研究发现,造成这种情况的原因主要有以下几点:

　　(1)国内软件产业本身不强大,软件质量较低;

　　(2)软件管理者与用户对软件质量意识有待加强;

　　(3)软件管理者对软件测试的认识和重视程度不够;

　　(4)软件行业质量监督体系不够好;

　　(5)软件从业人员的素质不够高;

　　(6)软件测试行业处于起步阶段,经济效益短期内不明显。

1.2　软件测试的定义

　　1983年 IEEE 提出的软件工程术语中给软件测试下的定义是:使用人工或自动的手段来运行或测定某个软件系统的过程,其目的在于检验它是否满足规定的需求或弄清预期结果与实际结果之间的差别。这个定义明确指出:软件测试的目的是为了检验软件系统是否满足需求。它再也不是一个一次性的,而且只是开发后期的活动,而是与整个开发流程融合成一体。

　　扩展定义:软件测试就是在软件投入运行前,对软件需求分析、设计规格说明和编码的最终复审,是软件质量保证的关键步骤。

　　软件测试是根据软件开发各阶段的规格说明和程序的内部结构而精心设计一批测试用

例(包括输入数据与预期输出结果),并利用这些测试用例运行软件,以发现软件错误的过程。广义的软件测试是由确认、验证、测试 3 个方面组成。

(1) 确认:评估将要开发的软件产品是否正确无误、可行和有价值的。确认意味着确保一个待开发软件是正确无误的,是对软件开发构想的检测,主要体现在计划阶段、需求分析阶段,也会出现在测试阶段。

(2) 验证:检测软件开发的每个阶段、每个步骤结果是否正确无误,是否与软件开发各阶段的要求或期望的结果相一致。验证意味着确保软件会正确无误地实现软件的需求,开发过程是沿着正确的方向进行的。主要体现在设计阶段、编码阶段。

(3) 测试:与狭隘的测试概念统一。主要体现在编码阶段和测试阶段。

确认、验证与测试是相辅相成的。确认产生验证和测试的标准,验证和测试帮助完成确认。

1.3　软件测试的复杂性与经济性分析

人们在对软件工程开发的常规认识中,认为开发程序是一个复杂而困难的过程,需要花费大量的人力、物力和时间,而测试一个程序则比较容易,不需要花费太多的精力。这其实是人们对软件工程开发过程理解上的一个误区。在实际的软件开发过程中,作为现代软件开发工业一个非常重要的组成部分,软件测试正扮演着越来越重要的角色。随着软件规模的不断扩大,如何在有限的条件下对被开发软件进行有效的测试正成为软件工程中一个非常关键的课题。

设计测试用例是一项细致并且需要具备高度技巧的工作,稍有不慎就会顾此失彼,发生不应有的疏漏。下面分析了容易出现问题的根源。

(1) 完全测试是不现实的

在实际的软件测试工作中,不论采用什么方法,由于软件测试工作量极其巨大,都不可能进行完全彻底的测试。所谓彻底测试,就是让被测程序在一切可能的输入情况下全部执行一遍。通常也称这种测试为"穷举测试"。

穷举测试会引起以下几种问题:

① 输入量太大;

② 输出结果太多;

③ 软件执行路径太多;

④ 说明书存在主观性。

E. W. Dijkstra 的一句名言对测试的不彻底性做了很好的注解:"程序测试只能证明错误的存在,但不能证明错误的不存在。"由于穷举测试工作量太大,实践上行不通,这就注定了一切实际测试都是不彻底的,也就不能够保证被测试程序在理论上不存在遗留的错误。

(2) 软件测试是有风险的

穷举测试的不可行性使得大多数软件在进行测试的时候只能采取非穷举测试,这又意味着一种冒险。比如在使用 Microsoft Office 工具中的 Word 时,可以做这样的一个测试:①新建一个 Word 文档;②在文档中输入汉字"胡";③设置其字体属性为"隶书",字号为初号,效果为"空心";④将页面的显示比例设为"500％"。这时在"胡"字的内部会出现"胡万进印"四个字。类似问题在实际测试中如果不使用穷举测试是很难发现的,而如果在软件投入市场时才发现则修复代价会非常高。这就会产生一个矛盾:软件测试员不能做到完全的测试,不完全测试又不能证明软件的百分之百可靠。那么如何在这两者的矛盾中找到一个相对的平衡点呢?

如图 1-1 所示的最优测试量示意图可以观察到,当软件缺陷降低到某一数值后,随着测试量的不断上升软件缺陷并没有明显地下降。这是软件测试工作中需要注意的重要问题。如何把数据量巨大的软件测试减少到可以控制的范围,如何针对风险做出最明智的选择是软件测试人员必须能够把握的关键问题。

图 1-1 的最优测试量示意图说明了发现软件缺陷数量和测试量之间的关系,随着测试量的增加,测试成本将呈几何数级上升,而软件缺陷降低到某一数值之后将没有明显的变化,最优测量值就是这两条曲线的交点。

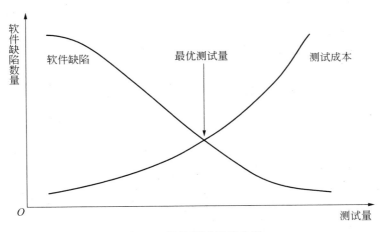

图 1-1　最优测试量示意图

（3）杀虫剂现象

1990 年,Boris Beizer 在其编著的《Software Testing Techniques》(第二版)中提到了"杀虫剂怪事"一词,同一种测试工具或方法用于测试同一类软件越多,则被测试软件对测试的免疫力就越强。这与农药杀虫是一样的,老用一种农药,则害虫就有了免疫力,农药就失去了作用。

由于软件开发人员在开发过程中可能碰见各种各样的主客观因素,再加上不可预见的突发性事件,所以再优秀的软件测试员采用一种测试方法或者工具也不可能检测出所有的缺陷。为了克服被测试软件的免疫力,软件测试员必须不断编写新的测试程序,对程序的各个部分进行不断地测试,以避免被测试软件对单一的测试程序具有免疫力而使软件缺陷不被发现。这就对软件测试人员的素质提出了很高的要求。

（4）缺陷的不确定性

在软件测试中还有一个让人不容易判断的现象是缺陷的不确定性,即并不是所有的软件缺陷都需要被修复。对于究竟什么才算是软件缺陷是一个很难把握的标准,在任何一本软件测试的书中都只能给出一个笼统的定义。实际测试中需要把这一定义根据具体的被测对象明确化。即使这样,具体的测试人员对软件系统的理解不同,还是会出现不同的标准。

软件测试的经济性有两方面体现:

一是体现在测试工作在整个项目开发过程中的重要地位;

二是体现在应该按照什么样的原则进行测试,以实现测试成本与测试效果的统一;

软件工程的总目标是充分利用有限的人力和物力资源,高效率、高质量地完成测试。

1.4　软件缺陷

缺陷跟踪管理是软件测试工作的一个重要部分,软件测试的目的是为了尽早发现软件系统中的缺陷,因此,对缺陷进行跟踪管理,确保每个被发现的缺陷都能够及时得到处理是测试工作的一项重要内容。对错误我们一般有以下几种名称。

(1)软件错误(software error):指在软件生存期内不希望或不可接受的人为错误,其结果是导致软件缺陷的产生。

(2)软件缺陷(software defeat):存在于软件之中的那些不希望或不可接受的偏差,如少一个逗点、多一个语句等。

(3)软件故障(software fault):软件运行过程中出现的一种不希望或不可接受的内部状态。

(4)软件失效(software failure):指软件运行时产生的一种不希望或不可接受的外部行为结果。

软件错误是一种人为错误。一个软件错误必定产生一个或多个软件缺陷,当一个软件缺陷被激活时,便产生一个软件故障;同一个软件缺陷在不同条件下被激活,可能产生不同的软件故障。软件故障如果没有及时的容错措施加以处理,便不可避免地导致软件失效,同一个软件按故障在不同条件下可能产生不同的软件失效。在软件开发过程中产生的缺陷我们一般称之为 Bug。

1. 缺陷跟踪的目的

缺陷能够引起软件运行时产生一种不希望或不可接受的外部行为结果,软件测试过程简单说就是围绕缺陷进行的,对缺陷的跟踪管理一般而言需要达到以下的目标。

(1)确保每个被发现的缺陷都能够被解决;这里解决的意思不一定是被修正,也可能是其他处理方式(例如,在下一个版本中修正或是不修正),总之,对每个被发现的 Bug 的处理方式必须能够在开发组织中达到一致。

(2)收集缺陷数据并根据缺陷趋势曲线识别测试过程的阶段;决定测试过程是否结束有很多种方式,通过缺陷趋势曲线来确定测试过程是否结束是常用并且较为有效的一种方式。

(3)收集缺陷数据并在其上进行数据分析。

上述的第一条是最受到重视的一点。在谈到缺陷跟踪管理时,一般人都会马上想到这一条,然而对第二条和第三条目标却很容易忽视。其实,在一个运行良好的组织中,缺陷数据的收集和分析是很重要的,从缺陷数据中可以得到很多与软件质量相关的数据。

2. 缺陷的定义

按照一般的定义,只要软件出现的问题符合下列 5 种情况的任何一种,就称为软件缺陷。

（1）软件未达到产品说明书标明的功能。

（2）软件出现了产品说明书指明不会出现的错误。

（3）软件功能超出产品说明书指明范围。

（4）软件未达到产品说明书虽未指出但应达到的目标。

（5）软件测试员认为软件难以理解、不易使用、运行缓慢，或者最终用户认为不好。

实践表明，大多数软件缺陷产生的原因并非源自编程错误，主要来自产品说明书的编写和产品方案设计。产品说明书编写得不全面、不完整和不准确，而且经常更改，或者整个开发组没有很好地沟通和理解。软件缺陷的第二大来源是设计方案，也就是软件设计说明书，这是程序员开展软件计划和构架的地方，就像建筑师为建筑物绘制蓝图一样，这里产生软件缺陷的原因与产品说明书或需求说明书是一样的，片面、多变、理解与沟通不足。

一个完成的缺陷应该包括表 1-1 中的内容。

表 1-1　缺陷内容列表

可追踪信息	缺陷 ID	唯一的缺陷 ID,可以根据该 ID 追踪缺陷
	缺陷状态	缺陷的状态,分为"待分配""待修正""待验证""待评审""关闭"
	缺陷标题	描述缺陷的标题
	缺陷的严重程度	描述缺陷的严重程度,一般分为"致命""严重""一般""建议"四种
	缺陷的紧急程度	描述缺陷的紧急程度,为 1~4,1 是优先级最高的等级,4 是优先级最低的等级
	缺陷提交人	缺陷提交人的名字(邮件地址)
	缺陷提交时间	缺陷提交的时间
	缺陷所属项目/模块	缺陷所属的项目和模块,最好能较精确地定位至模块
缺陷基本信息	缺陷指定解决人	缺陷指定的解决人,在缺陷"提交"状态为空,在缺陷"分发"状态下由项目经理指定相关开发人员修改
	缺陷指定解决时间	项目经理指定的开发人员修改此缺陷的 deadline
	缺陷处理人	最终处理缺陷的处理人
	缺陷处理结果描述	对处理结果的描述,如果对代码进行了修改,要求在此处体现出修改
	缺陷处理时间	缺陷处理的时间
	缺陷验证人	对被处理缺陷验证的验证人
	缺陷验证结果描述	对验证结果的描述(通过、不通过)
	缺陷验证时间	对缺陷验证的时间
缺陷的详细描述		对缺陷的详细描述;之所以把这项单独列出来,是因为对缺陷描述的详细程度直接影响开发人员对缺陷的修改,描述应该尽可能详细
测试环境说明		对测试环境的描述
必要的附件		对于某些文字很难表达清楚的缺陷,使用图片等附件是必要的

1.5 软件测试人员应具备的素质

拥有计算机领域的专业技能是测试工程师应该必备的素质，是做好测试工作的前提条件。尽管没有任何 IT 背景的人也可以从事测试工作，但是要想获得更大发展空间或者持久竞争力，则计算机专业技能是必不可少的。一个有竞争力的测试人员要具有下面三个方面的专业技能。

1．测试专业技能

现在软件测试已经成为一个很有潜力的专业。要想成为一名优秀的测试工程师，首先应该具有扎实的专业基础，这也是本书的编写目的之一。因此，测试工程师应该努力学习测试专业知识，告别简单的"单击"之类的测试工作，让测试工作以自己的专业知识为依托。

测试专业知识很多，本书内容主要以测试人员应该掌握的基础专业技能为主。测试专业技能涉及的范围很广：既包括黑盒测试、白盒测试、测试用例设计等基础测试技术，也包括单元测试、功能测试、集成测试、系统测试、性能测试等测试方法，还包括基础的测试流程管理、缺陷管理、自动化测试技术等知识。

2．软件编程技能

"测试人员是否需要编程？"可以说是测试人员最常提出的问题之一。实际上，由于在我国开发人员待遇普遍高于测试人员，因此能写代码的几乎都去做开发了，而很多人则是因为做不了开发或者不能从事其他工作才"被迫"从事测试工作。最终的结果则是很多测试人员只能从事相对简单的功能测试，能力强一点的则可以借助测试工具进行简单的自动化测试（录制、修改、回放测试脚本）。

软件编程技能应该是测试人员的必备技能之一。在微软，很多测试人员都拥有多年的开发经验。因此，测试人员要想得到较好的职业发展，必须能够编写程序。只有能编写程序，才可以胜任诸如单元测试、集成测试、性能测试等难度较大的测试工作。

此外，对软件测试人员的编程技能要求也有别于开发人员：测试人员编写的程序应着眼于运行正确，同时兼顾高效率，尤其体现在与性能测试相关的测试代码编写上。因此测试人员要具备一定的算法设计能力。依据作者的经验，测试工程师至少应该掌握 Java、C♯、C++ 之类的一门语言以及相应的开发工具。

3．网络、操作系统、数据库、中间件等知识

与开发人员相比，测试人员掌握的知识具有"博而不精"的特点，"艺多不压身"是个非常形象的比喻。由于测试中经常需要配置、调试各种测试环境，而且在性能测试中还要对各种系统平台进行分析与调优，因此测试人员需要掌握更多网络、操作系统、数据库等知识。

在网络方面，测试人员应该掌握基本的网络协议以及网络工作原理，尤其要掌握一些网络环境的配置，这些都是测试工作中经常遇到的常识。

操作系统和中间件方面，应该掌握基本的使用以及安装、配置等。例如很多应用系统都是基于 UNIX、Linux 来运行的，这就要求测试人员掌握基本的操作命令以及相关的工具软件。而 WebLogic、Websphere 等中间件的安装和配置很多时候也需要掌握一些。

数据库知识则是更应该掌握的技能，现在的应用系统几乎离不开数据库。因此不但要掌握基本的安装、配置，还要掌握 SQL。测试人员至少应该掌握 MySQL、MS SQLServer、Oracle 等常见数据库的使用。

作为一名测试人员，尽管不能精通所有的知识，但要想做好测试工作，应该尽可能地去学习更多的与测试工作相关的知识。

根据有关职位统计资料显示，在国外大多数软件公司，1 个软件开发工程师就需要辅有 2 个软件测试工程师。目前，软件测试自动化技术在我国则刚刚被少数业内专家所认知，而这方面的专业技术人员在国内更是凤毛麟角。根据对近期网络招聘 IT 人才情况的了解，许多正在招聘软件测试工程师的企业很少能够在招聘会上顺利招到合适的人才。

随着中国 IT 行业的发展，产品的质量控制与质量管理正逐渐成为企业生存与发展的核心。从软件、硬件到系统集成，几乎每个中大型 IT 企业的产品在发布前都需要大量的质量控制、测试和文档工作，而这些工作必须依靠拥有娴熟技术的专业软件人才来完成。而软件测试工程师就是其中之一。

据了解，由于软件测试工程师处于重要岗位，所以必须具有电子、电机类相关专业知识背景，并且还应有两年以上的实际操作经验。他们应熟悉中国和国际软件测试标准，熟练掌握和操作国际流行的系列软件测试工具，能够承担比较复杂的软件分析、测试、品质管理等任务，并能独立担任测试、品质管理部门的负责人。一般情况下，软件测试工程师可分为测试工程师、高级测试工程师和资深测试工程师三个等级。

在具体工作过程中，测试工程师的工作是利用测试工具按照测试方案和流程对产品进行功能和性能测试，甚至根据需要编写不同的测试工具，设计和维护测试系统，对测试方案可能出现的问题进行分析和评估。对软件测试工程师而言，必须具有高度的工作责任心和自信心。任何严格的测试必须是一种实事求是的测试，因为它关系到一个产品的质量问题，而测试工程师则是产品出货前的把关人，所以，没有专业的技术水准是无法胜任这项工作的。同时，由于测试工作一般由多个测试工程师共同完成，并且测试部门一般要与其他部门的人员进行较多的沟通，所以要求测试工程师不但要有较强的技术能力而且要有较强的沟通能力。

因此，在企业内部，软件测试工程师基本处于"双高"地位，即地位高、待遇高。从近期的企业人才需求和薪金水平来看，软件测试工程师的年工资有逐年上升的明显迹象。测试工程师这个职位必将成为 IT 就业的新亮点。

本章小结

本章主要介绍了软件测试产生的背景、软件测试的定义、软件测试负责性与经济性分析、软件缺陷及管理流程，以及软件测试人员应具备的素质。软件测试是伴随着软件的产生而产生的。早期的软件开发过程中，那时软件规模都很小、复杂程度低，软件开发的过程混乱无序、相当随意，测试的含义比较狭窄，开发人员将测试等同于"调试"，目的是纠正软件中已经知道的故障。软件测试就是为发现缺陷而运行程序的过程，广义的软件测试是由确认、验证、测试 3 个方面组成的。软件测试的目的是为了尽早发现软件系统中的缺陷，对缺陷进行跟踪管理，确保每个被发现的缺陷都能够及时得到处理。作为一名合格的软件测试工程师应具备软件测试专业技能,编程技能,网络、操作系统、数据库、中间件等知识。

练习题

一、判断题

1. 验证意味着确保软件会正确无误地实现软件的需求,开发过程是沿着正确的方向进行的。 （　　）

2. 调试的目的是发现 bug。 （　　）

3. 软件缺陷主要来自产品说明书的编写和产品方案设计。 （　　）

4. 在实际的软件测试工作中,不论采用什么方法,由于软件测试工作量极其巨大,都不可能进行完全彻底的测试。 （　　）

5. 测试人员可以不懂编程。 （　　）

二、选择题

1. 软件是程序和(　　)的集合。

　A. 代码　　　　　　B. 文档　　　　　　C. 测试用例　　　　D. 测试

2. 严重的软件缺陷的产生主要源自(　　)。

　A. 需求　　　　　　B. 设计　　　　　　C. 编码　　　　　　D. 测试

3. Fixed 的意思是指(　　)。

　A. 该 Bug 没有被修复,并且得到了测试人员的确认

　B. 该 Bug 被拒绝了,并且得到了测试人员的确认

　C. 该 Bug 被修复了,并且得到了测试人员的确认

　D. 该 Bug 被关闭了,并且得到了测试人员的确认

4. 降低缺陷费用最有效的方法是(　　)。

　A. 测试尽可能全面　　　　　　　　B. 尽可能早的开始测试

　C. 测试尽可能深入　　　　　　　　D. 让用户进行测试

5. 以下不属于应用系统中的缺陷类型的是(　　)。

　A. 不恰当的需求解释　　　　　　　B. 用户指定的错误需求

　C. 设计人员的习惯不好　　　　　　D. 不正确的程序规格说明

三、简答题

1. 在您以往的工作中,一条软件缺陷(或者叫 Bug)记录都包含了哪些内容? 如何提交高质量的软件缺陷(Bug)记录?

2. 请简述软件测试的定义。

3. 缺陷跟踪的目的是什么?

第 2 章　软件测试基础

本章目标

- 掌握软件测试的目的、原则
- 掌握软件测试的分类
- 熟悉软件质量保证与软件测试
- 掌握软件测试的模型

本章单词

smoke test: _____

regression test: _____

function test: _____

stress test: _____

软件测试应贯穿于整个生命周期中。在整个软件生命周期中,各个阶段有不同的测试对象,形成了不同开发阶段的不同类型测试。需求分析、概要设计、详细设计以及程序编码等各阶段所得到的文档,包括需求规格说明、概要设计说明、详细设计说明、程序、用户文档都是软件测试的对象。为了更好地解决软件问题,软件界做出了各种各样的努力。但是对软件质量来说作用都不大,直到受到其他行业项目工程化的启发,软件工程学出现了。软件开发被视为一项工程,以工程化的方法来进行规划和管理软件的开发。事实上,对于软件来讲,不论采用什么技术和什么方法,软件中仍然会有错。采用新的语言、先进的开发方式、完善的开发过程,可以减少错误,但是不可能完全杜绝软件中的错误,这些引入的错误需要测试来找出,软件中的错误密度也需要测试来进行估计。测试是所有工程学科的基本组成单元,是软件开发的重要部分。自有程序设计的那天起测试就一直伴随着。统计表明,在典型的软件开发项目中,软件测试工作量往往占软件开发总工作量的 40%以上。而在软件开发的总成本中,用在测试上的开销要占 30%～50%。如果把维护阶段也考虑在内,讨论整个软件生存期时,测试的成本比例也许会有所降低,但实际上维护工作相当于二次开发,乃至多次开发,其中必定还包含有许多测试工作。因此,测试对于软件生产来说是必需的,问题是我们应该思考:"测什么内容? 采用什么方法? 如何安排测试?"

2.1　软件测试的目的

软件测试的目的是利用有限的资源找出对用户影响最深的 Bug,不同的机构会有不同的测试目的;相同的机构也可能有不同测试目的,可能是测试不同区域或是对同一区域的不同层次的测试。测试目的决定了如何去组织测试。如果测试的目的是为了尽可能多地找出错误,那么测试就应该直接针对软件比较复杂的部分或是以前出错比较多的位置。如果测试目的是为了给最终用户提供具有一定可信度的质量评价,那么测试就应该直接针对在实际应用中会经常用到的商业假设。

在谈到软件测试时,许多人都引用 Grenford J. Myers 在 *The Art of Software Testing* 一书中的观点:

(1) 软件测试是为了发现错误而执行程序的过程;

(2) 测试是为了证明程序有错,而不是证明程序无错误;

(3) 一个好的测试用例是在于它能发现至今未发现的错误;

(4) 一个成功的测试是发现了至今未发现的错误。

这种观点可以提醒人们测试要以查找错误为中心,而不是为了演示软件的正确功能。但是仅凭字面意思理解这一观点可能会产生误导,认为发现错误是软件测试的唯一目的,查找不出错误的测试就是没有价值的,事实并非如此。

首先,测试并不仅仅是为了要找出错误。通过分析错误产生的原因和错误的分布特征,可以帮助项目管理者发现当前所采用的软件过程的缺陷,以便改进。同时,这种分析也能帮助我们设计出有针对性地检测方法,改善测试的有效性。

其次,没有发现错误的测试也是有价值的,完整的测试是评定测试质量的一种方法。详细而严谨的可靠性增长模型可以证明这一点。例如,Bev Littlewood 发现一个经过测试而

正常运行了 n 小时的系统有继续正常运行 n 小时的概率。

2.2　软件测试的原则

基于软件测试是为了寻找软件的错误与缺陷,评估与提高软件质量,我们提出一组如下测试原则。

1. 所有的软件测试都应追溯到用户需求

这是因为软件的目的是使用户完成预定的任务,并满足用户的需求,而软件测试所揭示的缺陷和错误使软件达不到用户的目标,满足不了用户需求。

2. 应当把"尽早地和不断地进行软件测试"作为软件测试者的座右铭

由于软件的复杂性和抽象性,在软件生命周期各个阶段都可能产生错误,所以不应把软件测试仅仅看作是软件开发的一个独立阶段的工作,而应当把它贯穿到软件开发的各个阶段,并且在软件开发的需求分析和设计阶段就进行测试工作,编写测试文档,这样才能在开发过程中尽早发现和预防错误,杜绝某些缺陷和隐患,提高软件质量。

问题发现得越早,解决问题的代价就越小,这是一条真理。发现软件错误的时间在整个软件过程阶段中越靠后,修复它所消耗的资源就越大,如图 2-1 所示。

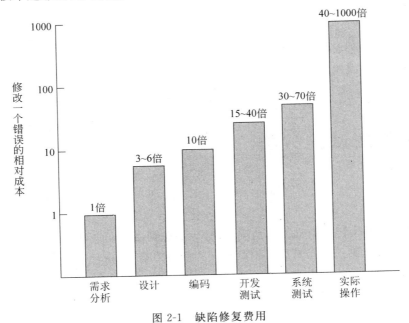

图 2-1　缺陷修复费用

3. 完全测试是不可能的,测试需要终止

在测试中,由于输入量太大、输出结果太多,以及路径组合太多,想要进行完全的测试,在有限的时间和资源条件下,是不可能的。下面我们以大家所熟悉的计算器(图 2-2)为例来说明。

输入:1+0、1+1、1+…1+9…9,全部完成后继续操作 2+1、2+2、一直到 2+9…9,全

部整数完成后开始测试小数 $1.0+0.1$、$1.0+0.2$…并持续下去。

在验证完整数相加、小数相加后继续进行后面的减、乘、除运算,一切的噩梦还没有结束,我们还需要测试一下可能的错误输入,比如 $1+$"! @ # $ \% \wedge \&. *()$",这些组合无穷无尽。

4. 测试无法显示软件潜在的缺陷

进行测试是可以查找并报告所发现的软件缺陷和错误,但不能保证软件的缺陷和错误被全部找到,继续进一步测试可能还会找到一些,也就是说测试只能证明软件存在错误而不能证明软件没有错误。换句话说,彻底的测试是不可能的。

图 2-2　计算器

5. 充分注意测试汇总的群集现象

经验表明,测试后程序中残存的错误数目与该程序中已发现的错误数目或检错率成正比。根据这个规律,需要对错误群集的程序段进行重点测试,以提高测试投资的有效率。例如,在美国 IBM 公司的 OS/370 操作系统中,47% 的错误仅与该系统的 4% 的程序模块有关。

6. 程序员应避免检查自己的程序

从心理上来说,人们总不愿承认自己有错,而让程序员自己来揭示自己的错误也比较难,因此,为达到测试目的,我们尽量让单独的测试部门来做。

7. 尽量避免测试的随意性

测试是一个有组织、有计划、有步骤的活动,不是随意的工作。

2.3　软件测试的分类

软件测试的方法和技术是多种多样的。对于软件测试技术,可以从不同的角度加以分类。

1. 从是否需要执行被测软件的角度,可分为静态测试和动态测试

顾名思义,静态测试就是通过对被测程序的静态审查,发现代码中潜在的错误。它一般用人工方式脱机完成,故亦称人工测试或代码评审(code review);也可借助于静态分析器在机器上以自动方式进行检查,但不要求程序本身在机器上运行。按照评审的不同组织形式,代码评审又可分为代码会审、走查、办公桌检查、同行评分 4 种。对某个具体的程序,通常只使用一种评审方式。

动态测试是通常意义上的测试,即使用和运行被测软件。动态测试的对象必须是能够由计算机真正运行的被测试的程序,它包含黑盒测试和白盒测试。

2. 从测试是否针对系统的内部结构和具体实现算法的角度来看,可分为白盒测试和黑盒测试

黑盒测试也称功能测试或数据驱动测试,它是在已知产品所应具有的功能,通过测试来检测每个功能是否都能正常使用。在测试时,把程序看作一个不能打开的黑盒子,在完全不考虑程序内部结构和内部特性的情况下,测试者在程序接口进行测试,它只检查程序功能是否按照需求规格说明书的规定正常使用,程序是否能适当地接收输入数据而产生正确的输出信息,并且保持外部信息(如数据库或文件)的完整性。黑盒测试方法主要有等价类划分、边值分析、因果图、错误推测等,主要用于软件确认测试。

"黑盒"法着眼于程序外部结构、不考虑内部逻辑结构、针对软件界面和软件功能进行测试。"黑盒"法是穷举输入测试,只有把所有可能的输入都作为测试情况使用,才能以这种方法查出程序中所有的错误。实际上测试情况有无穷多个,人们不仅要测试所有合法的输入,而且还要对那些不合法但是可能的输入进行测试。

白盒测试也称结构测试或逻辑驱动测试,它知道产品内部工作过程,可通过测试来检测产品内部动作是否按照规格说明书的规定正常进行,按照程序内部的结构测试程序,检验程序中的每条通路是否都有能按预定要求正确工作,而不顾它的功能。白盒测试的主要方法有逻辑驱动、基路测试等,主要用于软件验证。

"白盒"法全面了解程序内部逻辑结构、对所有逻辑路径进行测试。"白盒"法是穷举路径测试。在使用这一方案时,测试者必须检查程序的内部结构,从检查程序的逻辑着手,得出测试数据。贯穿程序的独立路径数是天文数字。但即使每条路径都测试了仍然可能有错误。第一,穷举路径测试不能查出程序违反了设计规范,即程序本身是个错误的程序。第二,穷举路径测试不可能查出程序中因遗漏路径而出错。第三,穷举路径测试可能发现不了一些与数据相关的错误。

3. 按测试策略和过程,测试分为单元测试、集成测试、系统测试、验收测试

(1) 单元测试。单元测试又称模块测试,是针对软件设计的最小单位——程序模块进行正确性检验的测试工作,其目的在于检查每个程序单元能否正确实现详细设计说明中的模块功能、性能、接口和设计约束等要求,发现各模块内部可能存在的各种错误。

(2) 集成测试。集成测试也叫组装测试。通常在单元测试的基础上将所有的程序模块进行有序、递增的测试。它分为一次性集成和增殖式集成,增殖式集成又分为自顶向下的增殖方式和自底向上的增值方式。

(3) 系统测试。将软件作为基于计算机系统的一个元素,与计算机硬件、外设、某些支持软件、数据和人员等其他系统元素结合在一起,在实际运行(使用)环境下,对计算机系统进行一系列的组装测试和确认测试。

系统测试的通过原则包括规定的测试用例都已经执行;Bug 都已经确认修复;软件需求说明书中规定的功能都已经实现;并且测试结果都已经得到评估确认。

(4) 验收测试。在通过了系统的有效性测试及软件配置审查之后,就开始系统验收测试,它是以用户为主的测试,软件开发人员和 QA 人员应参与。在测试过程中,除了考虑软件的功能和性能之外,还应对软件的可移植性、兼容性、可维护性、错误的恢复功能等进行确认。

验收测试的通过原则包括软件需求分析说明书中定义的所有功能已全部实现,性能指标全部达到要求;所有测试项没有残余一级、二级和三级错误;立项审批表、需求分析文档、设计文档和编码实现一致;验收测试工件齐全。

4. 按照实施组织划分,测试分为开发方测试(α 测试)、用户测试(β 测试)、第三方测试

(1) 开发方测试(α 测试)。企业内部通过检测和提供客观证据,证实软件的实现是否满足规定的需求。

(2) 用户测试(β 测试)。主要是把软件产品有计划地免费分发到目标市场,让用户大量使用,并评价、检查软件。

(3) 第三方测试。介于软件开发方和用户方之间的测试组织的测试。第三方测试也称为独立测试。

2.4　常见的一些软件测试

1. 冒烟测试

一个初始的快速测试工作,以决定软件或者新发布的版本测试是否可以执行下一步的"正规"测试。如果软件或者新发布的版本每 5 分钟与系统冲突,使系统陷于瘫痪,说明该软件不够"健全",目前不具备进一步测试的条件。

2. 回归测试

软件或环境的修复或更正后的"再测试",自动测试工具对这类测试尤其有用。

3. 性能测试

测试软件的运行性能。这种测试常与压力测试结合进行,如传输连接的最长时限、传输的错误率、计算的精度、记录的精度、响应的时限和恢复时限等。

4. 负载测试

测试软件在重负荷下的运行表现,系统的响应减慢或崩溃。

5. 压力测试

测试系统在某一条件达到最高限度时各项功能是否能依旧运行。

6. 可用性测试

测试用户是否能够满意使用。具体体现为操作是否方便、用户界面是否友好等。

7. 安装/卸载测试

对软件的全部、部分、升级安装或者卸载处理过程的测试。

8. 接受测试

基于客户或最终用户需求的最终测试,或基于用户一段时间的使用后,看软件是否满足客户要求。

9. 恢复测试

采用人工的干扰使软件出错,中断使用,检测系统的恢复能力。

10. 安全测试

验证安装在系统内的保护机构确实能够对系统进行保护,使之不受各种干扰。

11. 兼容测试

测试软件在多个硬件、软件、操作系统、网络等环境下是否能正确运行。

12. Alpha 测试

在公司内部系统开发接近完成时对软件的测试,测试后仍然会有少量的设计变更。

α 测试时,开发者坐在用户旁边,随时记录用户发现的问题。

13. Beta 测试

当开发和测试完成时所做的测试,而最终的错误和问题需要在最终发行前找到。β 测试时开发者不在测试现场,所以是在开发者无法控制的环境下进行的测试,通常是由软件开发者向用户散发 β 版软件,然后收集用户的意见。

2.5 软件测试过程模型

软件开发的几十年中产生了很多的优秀模型,比如瀑布模型、螺旋模型、增量模型、迭代模型等,那么软件测试又有哪些模型可以指导我们进行工作呢?下面把一些主要的模型给大家介绍一下。

1. V 模型

V 模型是最具有代表意义的测试模型。它是软件开发瀑布模型的变种,它反映了测试活动与分析和设计的关系。从左到右,描述了基本的开发过程和测试行为,非常明确地标明了测试过程中存在的不同级别,并且清楚地描述了这些测试阶段和开发过程期间各阶段的对应关系。左边依次下降的是开发过程各阶段,与此相对应的是右边依次上升的部分,即各测试过程的各个阶段。如图 2-3 所示。

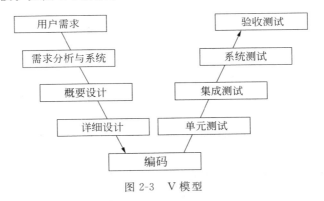

图 2-3 V 模型

V 模型问题如下。

(1)测试是开发之后的一个阶段。

(2)测试的对象就是程序本身。

(3)实际应用中容易导致需求阶段的错误一直到最后系统测试阶段才被发现。

(4)整个软件产品的过程质量保证完全依赖于开发人员的能力和对工作的责任心,而且上一步的结果必须是充分和正确的,如果任何一个环节出了问题,则必将严重影响整个工程的质量和预期进度。

2. W 模型

W 模型由 Evolutif 公司提出。相对于 V 模型,W 模型增加了软件各开发阶段中应同步进行的验证和确认活动。W 模型由两个 V 字形模型组成,分别代表测试与开发过程,图中明确表示出了测试与开发的并行关系。W 模型强调:测试伴随着整个软件开发周期,而且测试的对象不仅仅是程序,需求、设计等同样要测试,也就是说,测试与开发是同步进行的。W模型有利于尽早全面地发现问题。例如,需求分析完成后,测试人员就应该参与到对需求的验证和确认活动中,以尽早地找出缺陷所在。同时,对需求的测试也有利于及时了解项目难度和测试风险,及早制定应对措施,这将显著减少总体测试时间,加快项目进度。但W模型也存在局限性。在W模型中,需求、设计、编码等活动被视为串行的,同时,测试和开发活动也保持着一种线性的前后关系,上一阶段完全结束,才可正式开始下一个阶段工作。这样就无法支持迭代的开发模型。对于当前软件开发复杂多变的情况,W模型并不能解除测试管理面临着困惑,如图2-4所示。

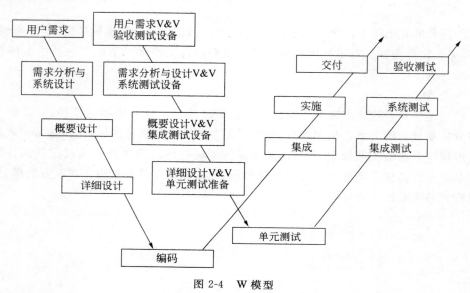

图 2-4　W 模型

3. H 模型

在H模型中,软件测试的过程活动完全独立,形成了一个完全独立的流程,贯穿于整个产品的周期,与其他流程并发进行。某个测试点准备就绪后就可以从测试准备阶段进行到测试执行阶段。软件测试可以根据被测产品的不同分层进行,如图2-5所示。

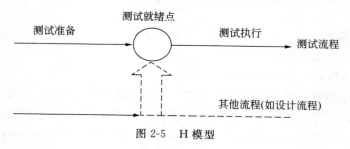

图 2-5　H 模型

4. X 模型

图2-6是X模型,左边描述的是针对单独程序片段所进行的相互分离的编码和测试,此后进行频繁地交接,通过集成最终合成为可执行的程序,在图的右上方得以体现。

这些可执行程序还需要进行测试,已通过集成测试的成品可以进行封装并提交给用户,

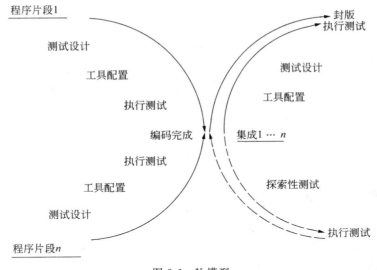

图 2-6 X 模型

也可以作为更大规模和范围内集成的一部分。

右下角提出了探索性测试,这是不进行事先计划的特殊类型的测试,这一方式往往能帮助有经验的测试人员在测试计划之外发现更多的软件错误。

5. 前置模型

前置测试模型是由 Robin FGoldsmith 等人提出的,是一个将测试和开发紧密结合的模型,该模型提供了轻松的方式,可以使项目加快运行速度。前置测试模型可参考图 2-7。特点如下。

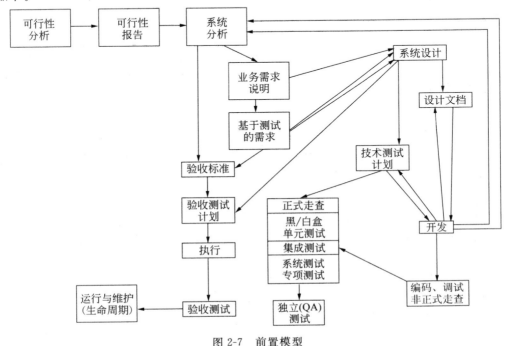

图 2-7 前置模型

（1）开发和测试相结合。

（2）对每一个交付内容进行测试。

（3）在设计阶段进行测试计划和测试设计。

（4）测试和开发结合在一起。

（5）让验收测试和技术测试保持相互独立。

在实际的工作中，灵活运用各种模型的优点，在 W 模型框架下，运用 H 模型的思想进行独立的测试，并同时将测试和开发紧密结合，寻找恰当的就绪点开始测试并反复迭代测试，最终保证按期完成预定目标。

本章小结

本章主要介绍了软件测试的目的、原则、分类，以及常见的软件测试和软件测试过程模型。软件测试的目的是利用有限的资源找出对用户影响最深的 bug；测试的原则包括所有的软件测试都应追溯到用户需求，应当把"尽早地和不断地进行软件测试"作为软件测试者的座右铭。完全测试是不可能的，测试需要终止，测试无法显示软件潜在的缺陷，充分注意测试汇总的群集现象。程序员应避免检查自己的程序，尽量避免测试的随意性。从是否需要执行被测软件的角度，可分为静态测试和动态测试，从测试是否针对系统的内部结构和具体实现算法的角度来看，可分为白盒测试和黑盒测试。按测试策略和过程：单元测试、集成测试、系统测试、验收测试，按照实施组织划分：开发方测试（α测试）、用户测试（β测试）、第三方测试。常见的测试模型有 V 模型、W 模型、H 模型、X 模型和前置模型。

练习题

一、判断题

1. 软件测试的目的是尽可能多地找出软件的缺陷。　　　　　　　　　　　　（　　　）

2. 好的测试方案是极有可能发现迄今为止尚未发现的错误。　　　　　　　　（　　　）

3. 测试人员要坚持原则，缺陷未修复完坚决不予通过。　　　　　　　　　　（　　　）

4. 负载测试是验证要检验的系统的能力最高能达到什么程度。　　　　　　　（　　　）

5. V 模型不能适应较大的需求变化。　　　　　　　　　　　　　　　　　　（　　　）

二、选择题

1. 测试环境中不包括的内容是（　　　）。

    A. 测试所需文档资料　　　　　　　　　　B. 测试所需硬件环境

    C. 测试所需软件环境　　　　　　　　　　D. 测试所需网络环境

2. 某软件公司在招聘软件测试工程师时，应聘者甲向公司做如下保证：

（1）经过自己测试的软件今后不会再出现问题。

（2）在工作中对所有程序员一视同仁，不会因为某个程序编写的程序发现的问题多，就重点审查该程序，以免不利于团结。

（3）承诺不需要其他人员，自己就可以独立进行测试工作。

（4）发扬咬定青山不放松的精神，不把所有问题都找出来，绝不罢休。

根据自己所学的软件测试知识，应聘者甲的保证中可选（　　）。

　　A．（1）（4）是正确的　　　　　　　　B．（2）是正确的

　　C．都是正确的　　　　　　　　　　　D．都是错误的

3．用不同的方法可将软件测试分为白盒法和黑盒法，或者（　　）和静态测试。

　　A．白盒法　　　　　B．黑盒法　　　　　C．动态测试　　　　　D．灰盒法

4．软件测试中白盒测试法是通过分析程序的（　　）来设计测试用例的。

　　A．应用范围　　　　B．内部逻辑　　　　C．功能　　　　　　　D．输入数据

5．下列关于白盒测试与黑盒测试的说法中错误的是（　　）。

　　A．用白盒测试来验证单元的基本功能时，经常要用黑盒测试的思考方法来设计测试用例

　　B．仅仅通过白盒测试，或仅仅通过黑盒测试都不能全面系统地测试一个软件

　　C．白盒测试适用于软件测试的各个阶段

　　D．在黑盒测试中使用白盒测试的手段，常被称为"灰盒测试"

三、简答题

1．请简述 V 模型的优缺点。

2．什么是回归测试？

3．软件测试的目的是什么？

第 3 章 软件测试过程与方法

本章目标

- 掌握软件测试的过程
- 掌握软件测试与开发的关系
- 熟悉单元测试
- 熟悉集成测试
- 熟悉确认测试
- 熟悉系统测试
- 熟悉验收测试

本章单词

unit test：_____

integration test：_____

system test：_____

acceptance test：_____

软件测试过程按各测试阶段的先后顺序可分为单元测试、集成测试、确认（有效性）测试、系统测试和验收（用户）测试 5 个阶段。

（1）单元测试：测试执行的开始阶段。测试对象是每个单元。测试目的是保证每个模块或组件能正常工作。单元测试主要采用白盒测试方法，检测程序的内部结构。

（2）集成测试：也称组装测试。在单元测试基础上，对已测试过的模块进行组装，进行集成测试。测试目的是检验与接口有关的模块之间的问题。集成测试主要采用黑盒测试方法。

（3）确认测试：也称有效性测试。在完成集成测试后，验证软件的功能和性能及其他特性是否符合用户要求。测试目的是保证系统能够按照用户预定的要求工作。确认测试通常采用黑盒测试方法。

（4）系统测试：在完成确认测试后，为了检验它能否与实际环境（如软硬件平台、数据和人员等）协调工作，还需要进行系统测试。可以说，系统测试之后，软件产品基本满足开发要求。

（5）验收测试：测试过程的最后一个阶段。验收测试主要突出用户的作用，同时软件开发人员也应该参与进去。

图 3-1 展示了在不同的测试阶段，测试的方法及内容都不同。

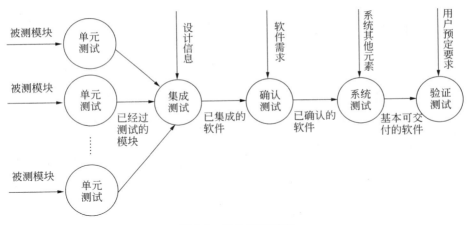

图 3-1　软件测试过程

3.1　单元测试

程序员编写代码时，一定会反复调试保证其能够编译通过。如果是编译没有通过的代码，没有任何人会愿意交付给自己的老板。但代码通过编译，只是说明了它的语法正确，程序员却无法保证它的语义也一定正确。没有任何人可以轻易承诺这段代码的行为一定是正确的。单元测试这时会为此做出保证。编写单元测试就是用来验证这段代码的行为是否与软件开发人员期望的一致。有了单元测试，程序员可以自信地交付自己的代码，而没有任何的后顾之忧。

1．单元测试的定义

单元测试（unit testing）是对软件基本组成单元进行的测试。单元测试的对象是软件设计的最小单位——模块。很多人将单元的概念误解为一个具体函数或一个类的方法，这种理解并不准确。作为一个最小的单元应该有明确的功能定义、性能定义和接口定义，而且可以清晰地与其他单元区分开来。一个菜单、一个显示界面或者能够独立完成的具体功能都可以是一个单元。从某种意义上单元的概念已经扩展为组件（component）。

2．单元测试的目标

单元测试的主要目标是确保各单元模块被正确地编码。单元测试除了保证测试代码的功能性，还需要保证代码在结构上具有可靠性和健全性，并且能够在所有条件下正确响应。进行全面的单元测试，可以减少应用级别所需的工作量，并且彻底减少系统产生错误的可能性。如果手动执行，单元测试可能需要大量的工作，自动化测试会提高测试效率。

3．单元测试的内容

如图 3-2 所示，单元测试的主要内容有：

（1）模块接口测试；

（2）局部数据结构测试；

（3）独立路径测试；

（4）错误处理测试；

（5）边界条件测试。

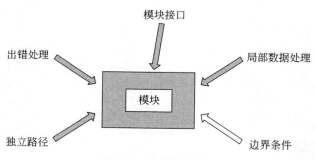

图 3-2　单元测试任务

这些测试都作用于模块，共同完成单元测试任务。

（1）模块接口测试：对通过被测模块的数据流进行测试。为此，对模块接口，包括参数表、调用子模块的参数、全程数据、文件输入/输出操作都必须检查。

（2）局部数据结构测试：设计测试用例检查数据类型说明、初始化、默认值等方面的问题，还要查清全程数据对模块的影响。

（3）独立路径测试：选择适当的测试用例，对模块中重要的执行路径进行测试。基本路径测试和循环测试可以发现大量的路径错误，是最常用且最有效的测试技术。

（4）错误处理测试：检查模块的错误处理功能是否包含有错误或缺陷。例如，是否拒绝不合理的输入；出错的描述是否难以理解、是否对错误定位有误、是否出错原因报告有误、是否对错误条件的处理不正确；在对错误处理之前错误条件是否已经引起系统的干预等。

（5）边界条件测试：要特别注意数据流、控制流中刚好等于、大于或小于确定的比较值时出错的可能性。对这些地方要仔细地选择测试用例，认真加以测试。此外，如果对模块运行时间有要求,还要专门进行关键路径测试,以确定最坏情况下和平均意义下影响模块运行时间的因素。这类信息对进行性能评价是十分有用的。

通常单元测试在编码阶段进行。当源程序代码编制完成,经过评审和验证,确认没有语法错误之后,就开始进行单元测试的测试用例设计。利用设计文档,设计可以验证程序功能、找出程序错误的多个测试用例。对于每一组输入,应有预期的正确结果。

模块接口测试中的被测模块并不是一个独立的程序,在考虑测试模块时,同时要考虑它和外界的联系,用一些辅助模块去模拟与被测模块相关联的模块。这些辅助模块可分为以下两种。

(1) 驱动模块(driver):相当于被测模块的主程序。它接收测试数据,把这些数据传送给被测模块,最后输出实测结果。

(2) 桩模块(stub):用以代替被测模块调用的子模块。桩模块可以做少量的数据操作,不需要把子模块所有功能都带进来,但不允许什么事情也不做。

被测模块、与它相关的驱动模块以及桩模块共同构成了一个"测试环境",如图 3-3 所示。

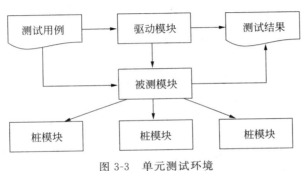

图 3-3　单元测试环境

如果一个模块要完成多种功能,并且以程序包或对象类的形式出现,例如 Ada 语言中的包,MODULA 语言中的模块,C++ 语言中的类,这时可以将模块看成由几个小程序组成。对其中的每个小程序先进行单元测试要做的工作,对关键模块还要做性能测试。对支持某些标准规程的程序,更要着手进行互联测试。有人把这种情况特别称为模块测试,以区别单元测试。

3.2　集成测试

所有的软件项目都不能摆脱系统集成这个阶段。不管采用什么开发模式,具体的开发工作总得从一个一个的软件单元做起,软件单元只有经过集成才能形成一个有机的整体。

1. 集成测试的定义

在完成单元测试的基础上,需要将所有模块按照设计要求组装成为系统。这时需要考虑以下问题:

(1) 在把各个模块连接起来的时候,穿越模块接口的数据是否会丢失;

(2) 一个模块的功能是否会对另一个模块的功能产生不利的影响;

25

（3）各个子功能组合起来，能否达到预期要求的父功能；

（4）全局数据结构是否有问题；

（5）单个模块的误差累积起来，是否会放大，从而达到不能接受的程度；

（6）单个模块的错误是否会导致数据库错误。

集成测试（integration testing）是介于单元测试和系统测试之间的过渡阶段，与软件开发计划中的软件概要设计阶段相对应，是单元测试的扩展和延伸。

集成测试的定义是根据实际情况对程序模块采用适当的集成测试策略组装起来，对系统的接口以及集成后的功能进行正确校验的测试工作。

2. 集成测试的层次

软件的开发过程是一个从需求分析到概要设计、详细设计以及编码实现的逐步细化的过程，那么单元测试到集成测试再到系统测试就是一个逆向求证的过程。集成测试内部对于传统软件和面向对象的应用系统有两种层次的划分。

对于传统软件来讲，可以把集成测试划分为三个层次：

（1）模块内集成测试；

（2）子系统内集成测试；

（3）子系统间集成测试。

对于面向对象的应用系统来说，可以把集成测试分为两个阶段：

（1）类内集成测试；

（2）类间集成测试。

3. 集成测试的模式

选择什么方式把模块组装起来形成一个可运行的系统，直接影响到模块测试用例的形式、所用测试工具的类型、模块编号的次序和测试的次序、生成测试用例的费用和调试的费用。集成测试模式是软件集成测试中的策略体现，其重要性是明显的，直接关系到软件测试的效率、结果等，一般是根据软件的具体情况来决定采用哪种模式。通常，把模块组装成为系统的测试方式有以下两种。

（1）一次性集成测试方式（no-incremental integration）：一次性集成测试方式也称作非增值式集成测试。先分别测试每个模块，再把所有模块按设计要求放在一起结合成所需要实现的程序。

（2）增值式集成测试方式：把下一个要测试的模块同已经测好的模块结合起来进行测试，测试完毕，再把下一个应该测试的模块结合进来继续进行测试。在组装的过程中边连接边测试，以发现连接过程中产生的问题。通过增值逐步组装成为预先要求的软件系统。增值式集成测试方式有以下三种：

① 自顶向下增值测试方式（top-down integration）；

② 自底向上增值测试方式（bottom-up integration）；

③ 混合增值测试方式（modified top-down integration）。

（3）一次性集成测试方式与增值式集成测试方式的比较：增值式集成方式需要编写的软件较多，工作量较大，花费的时间较多。一次性集成方式的工作量较小；增值式集成方式发现问题的时间比一次性集成方式早；增值式集成方式比一次性集成方式更容易判断出问题的所在，因为出现的问题往往和最后加进来的模块有关；增值式集成方式测试更为彻底；

使用一次性集成方式可以多个模块并行测试。

这两种模式各有利弊,在时间条件允许的情况下采用增值式集成测试方式有一定的优势。

(4) 集成测试的组织和实施:集成测试是一种正规测试过程,必须精心计划,并与单元测试的完成时间协调起来。在制订测试计划时,应考虑如下因素:

① 采用何种系统组装方法来进行组装测试;

② 组装测试过程中连接各个模块的顺序;

③ 模块代码编制和测试进度是否与组装测试的顺序一致;

④ 测试过程中是否需要专门的硬件设备。

(5) 集成测试完成的标志:判定集成测试过程是否完成,可按以下几个方面检查:

① 成功地执行了测试计划中规定的所有集成测试;

② 修正了所发现的错误;

③ 测试结果通过了专门小组的评审。

图 3-4 所示是按照一次性集成测试方式的实例。

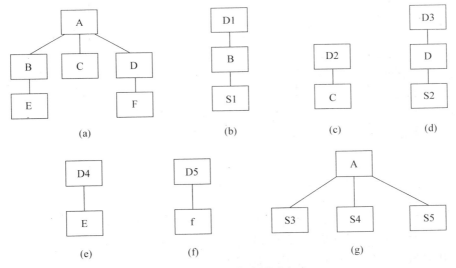

图 3-4　一次性集成测试方式

图 3-4(a)所示表示的是整个系统结构,共包含 6 个模块。

图 3-4(b)所示为模块 B 配备驱动模块 D1,来模拟模块 A 对 B 的调用。为模块 B 配备桩模块 S1,来模拟模块 E 被 B 调用。对模块 B 进行单元测试。

图 3-4(d)所示为模块 D 配备驱动模块 D3,来模拟模块 A 对 D 的调用。为模块 D 配备桩模块 S2,来模拟模块 F 被 D 调用。对模块 D 进行单元测试。

图 3-4(c)、图 3-4(e)、图 3-4(f)所示为模块 C、E、F 分别配备驱动模块 D2、D4、D5。对模块 C、E、F 分别进行单元测试。

图 3-4(g)所示为主模块 A 配备三个桩模块 S3、S4、S5。对模块 A 进行单元测试。

在将模块 A、B、C、D、E 分别进行单元测试之后,再一次性进行集成测试。

（6）增值式集成方式

① 自顶向下增值测试方式(top-down integration)。主控模块作为测试驱动,所有与主控模块直接相连的模块作为桩模块;根据集成的方式(深度或广度),每次用一个模块把从属的桩模块替换成真正的模块;在每个模块被集成时,都必须已经进行了单元测试;进行回归测试以确定集成新模块后没有引入错误。这种组装方式将模块按系统程序结构,沿着控制层次自顶向下进行组装。自顶向下的增值方式在测试过程中较早地验证了主要的控制和判断点。选用按深度方向组装的方式,可以首先实现和验证一个完整的软件功能。

图 3-5 所示为按照深度优先方式遍历的自顶向下增值的集成测试实例。具体测试过程如下。

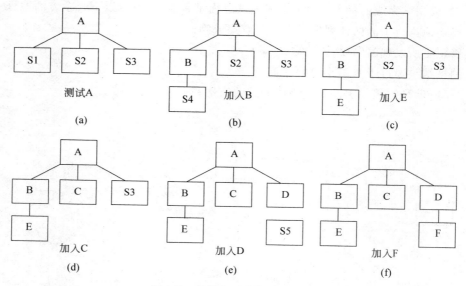

图 3-5　自顶向下增值测试方式

在树状结构图中,按照先左后右的顺序确定模块集成路线。

如图 3-5(a)所示,先对顶层的主模块 A 进行单元测试。就是对模块 A 配以桩模块 S1、S2 和 S3,用来模拟它所实际调用的模块 B、C、D,然后进行测试。

如图 3-5(b)所示,用实际模块 B 替换掉桩模块 S1,与模块 A 连接,再对模块 B 配以桩模块 S4,用来模拟模块 B 对 E 的调用,然后进行测试。

图 3-5(c)所示为将模块 E 替换掉桩模块 S4 并与模块 B 相连,然后进行测试。

判断模块 E 没有叶子节点,也就是说以 A 为根节点的树状结构图中的最左侧分支深度遍历结束。转向下一个分支。

图 3-5(d)所示为模块 C 替换掉桩模块 S2,连到模块 A 上,然后进行测试。

判断模块 C 没有桩模块,转到树状结构图的最后一个分支。

图 3-5(e)所示为模块 D 替换掉桩模块 S3,连到模块 A 上,同时给模块 D 配以桩模块 S5,来模拟其对模块 F 的调用。然后进行测试。

如图 3-5(f)所示,去掉桩模块 S5,替换成实际模块 F 连接到模块 D 上,然后进行测试;

对树状结构图进行了完全测试,测试结束。

　　② 自底向上增值测试方式(bottom-up integration)。组装从最底层的模块开始,组合成一个构件,用以完成指定的软件子功能。编制驱动程序,协调测试用例的输入与输出;测试集成后的构件;按程序结构向上组装测试后的构件,同时除掉驱动程序。这种组装的方式是从程序模块结构的最底层的模块开始组装和测试。因为模块是自底向上进行组装,对于一个给定层次的模块,它的子模块(包括子模块的所有下属模块)已经组装并测试完成,所以不再需要桩模块。在模块的测试过程中如果需要从子模块得到信息时可以直接运行子模块获得。

　　图 3-6 所示的是按照自底向上增值的集成测试例子。首先,对处于树状结构图中叶子节点位置的模块 E、模块 C、模块 F 进行单元测试,如图 3-6(a)、图 3-6(b)和图 3-6(c)所示,分别配以驱动模块 D1、模块 D2 和模块 D3,用来模拟模块 B、模块 A 和模块 D 对它们的调用。然后,如图 3-6(d)和图 3-6(e)所示,去掉驱动模块 D1 和模块 D3,替换成模块 B 和模块 D 分别与模块 E 和模块 F 相连,并且设立驱动模块 D4 和模块 D5 进行局部集成测试。最后,如图 3-6(f)所示,对整个系统结构进行集成测试。

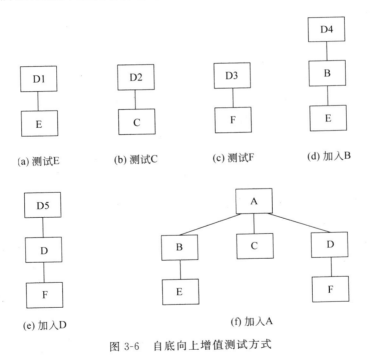

(a) 测试E　　　(b) 测试C　　　(c) 测试F　　　(d) 加入B

(e) 加入D　　　　　　　(f) 加入A

图 3-6　自底向上增值测试方式

　　③ 混合增值测试方式(modified top-down integration)。自顶向下增值的方式和自底向上增值的方式各有优缺点。

　　自顶向下增值方式的缺点是需要建立桩模块。要使桩模块能够模拟实际子模块的功能是十分困难的,同时涉及复杂算法。真正输入/输出的模块处在底层,它们是最容易出问题的模块,并且直到组装和测试的后期才遇到这些模块,一旦发现问题,会导致过多的回归测试。

自顶向下增值方式的优点是能够较早地发现在主要控制方面存在问题。

自底向上增值方式的缺点是"程序一直未能作为一个实体存在,直到最后一个模块加上去后才形成一个实体"。就是说,在自底向上组装和测试的过程中,对主要的控制直到最后才接触到。

自底向上增值方式的优点是不需要桩模块,建立驱动模块一般比建立桩模块容易,同时由于涉及复杂算法和真正输入/输出的模块最先得到组装和测试,可以把最容易出问题的部分在早期解决。此外自底向上增值的方式可以实施多个模块的并行测试。

有鉴于此,通常是把这几种方式结合起来进行组装和测试。

(1)改进的自顶向下增值测试:基本思想是强化对输入/输出模块和引入新算法模块的测试,并自底向上组装成为功能相当完整且相对独立的子系统,然后由主模块开始自顶向下进行增值测试。

(2)自底向上—自顶向下的增值测试(混合法):首先对含读操作的子系统自底向上直至根节点模块进行组装和测试,然后对含写操作的子系统做自顶向下的组装与测试。

(3)回归测试:这种方式采取自顶向下的方式测试被修改的模块及其子模块,然后将这一部分视为子系统,再自底向上测试,以检查该子系统与其上级模块的接口是否适配。

3.3 确认测试

1. 确认测试的定义

确认测试最简明、最严格的解释是检验所开发的软件是否能按用户提出的要求运行。若能达到这一要求,则认为开发的软件是合格的。因而有的软件开发部门把确认测试称为合格性测试(qualification testing)。

确认测试又称为有效性测试。它的任务是验证软件的功能和性能及其特性是否与客户的要求一致。对软件的功能和性能要求在软件需求规格说明中已经明确规定。

确认测试阶段工作如图 3-7 所示。

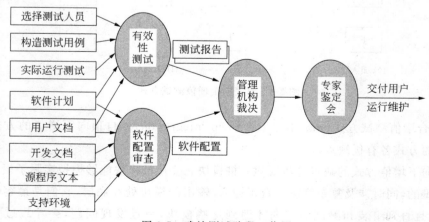

图 3-7 确认测试阶段工作图

2．确认测试的准则

经过确认测试,应该为已开发的软件做出结论性评价。这不外乎是以下两种情况之一:

(1) 经过检验的软件功能、性能及其他要求均已满足需求规格说明书的规定,因而可被接受,视为是合格的软件;

(2) 经过检验发现与需求说明书有相当的偏离,得到一个各项缺陷情况的清单。

对于第二种情况,往往很难在交付期以前把发现的问题纠正过来。这就需要开发部门和客户进行协商,找出解决的办法。

3．进行确认测试

确认测试是在模拟的环境(可能是就是开发的环境)下,运用黑盒测试的方法,验证所测试件是否满足需求规格说明书列出的需求。

4．确认测试的结果

在全部软件测试的测试用例运行完后,所有的测试结果可以分为以下两类。

(1) 测试结果与预期的结果相符。说明软件的这部分功能或性能特征与需求规格说明书相符合,从而这部分程序被接受。

(2) 测试结果与预期的结果不符。说明软件的这部分功能或性能特征与需求规格说明不一致,因此要为它提交一份问题报告。

通过与用户的协商,解决所发现的缺陷和错误。确认测试应交付的文档有:确认测试分析报告、最终的用户手册和操作手册、项目开发总结报告。

5．软件配置审查

软件配置审查是确认测试过程的重要环节。其目的是保证软件配置的所有成分都齐全,各方面的质量都符合要求,具备维护阶段所必需的细资料并且已经编排好分类的目录。除了按合同规定的内容和要求,由工人审查软件配置之外,在确认测试的过程,应当严格遵守用户手册和操作手册中规定的使用步骤,以便检查这些文档资料的完整性和正确性。必须仔细记录发现的遗漏和错误,并且适当地补充和改正。

3.4　系统测试

1．系统测试的定义

在软件的各类测试中,系统测试是最接近于人们的日常测试实践。它是将已经集成好的软件系统,作为整个计算机系统的一个元素,与计算机硬件、外设、某些支持软件、数据和人员等其他系统元素结合在一起,在实际运行环境下,对计算机系统进行一系列的组装测试和确认测试。

2．系统测试的流程

系统测试流程如图 3-8 所示。由于系统测试的目的是验证最终软件系统是否满足产品需求并且遵循系统设计,所以在完成产品需求和系统设计文档之后,系统测试小组就可以提前开始制订测试计划和设计测试用例,不必等到集成测试阶段结束。这样可以提高系统测试的效率。

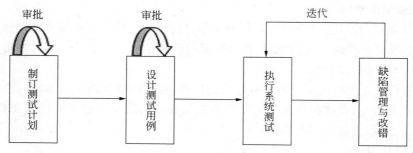

图 3-8　系统测试流程

3．系统测试的目标

（1）确保系统测试的活动是按计划进行的；

（2）验证软件产品是否与系统需求用例不相符合或与之矛盾；

（3）建立完善的系统测试缺陷记录跟踪库；

（4）确保软件系统测试活动及其结果及时通知相关小组和个人。

4．系统测试的方针

（1）为项目指定一个测试工程师负责贯彻和执行系统测试活动；

（2）测试组向各事业部总经理/项目经理报告系统测试的执行状况；

（3）系统测试活动遵循文档化的标准和过程；

（4）向外部用户提供经系统测试验收通过的项目；

（5）建立相应项目的(Bug)缺陷库，用于系统测试阶段项目不同生命周期的缺陷记录和缺陷状态跟踪；

（6）定期对系统测试活动及结果进行评估，向各事业部经理/项目办总监/项目经理汇报项目的产品质量信息及数据。

5．系统测试的设计

为了保证系统测试质量，必须在测试设计阶段就对系统进行严密的测试设计。这就需要在测试设计中，从多方面考虑系统规格的实现情况。通常需要从以下几个层次来进行设计：用户层、应用层、功能层、子系统层、协议层。

3.5　验收测试

1．验收测试的定义

验收测试(acceptance testing)是向未来的用户表明系统能够像预定要求的那样工作。通过综合测试之后，软件已完全组装起来，接口方面的错误也已排除，软件测试的最后一步——验收测试即可开始。

验收测试的目的是确保软件准备就绪，并且可以让最终用户将其用于执行软件的既定功能和任务。验收测试是检验软件产品质量的最后一道工序。验收测试通常更突出客户的作用，同时软件开发人员也有一定的参与。如何组织好验收测试并不是一件容易的事。以下对验收测试的任务、目标以及验收测试的组织管理给出详细介绍。

2. 验收测试的内容

软件验收测试应完成的工作内容如下：要明确验收项目，规定验收测试通过的标准；确定测试方法；决定验收测试的组织机构和可利用的资源；选定测试结果分析方法；指定验收测试计划并进行评审；设计验收测试所用的测试用例；审查验收测试的准备工作；执行验收测试；分析测试结果；做出验收结论，明确通过验收或不通过验收，给出测试结果。

3. 验收测试的标准

实现软件确认要通过一系列黑盒测试。验收测试同样需要制订测试计划和过程，测试计划应规定测试的种类和测试进度，测试过程则定义一些特殊的测试用例，旨在说明软件与需求是否一致。无论是计划还是过程，都应该着重考虑软件是否满足合同规定的所有功能和性能，文档资料是否完整、准确，人机界面和其他方面（例如，可移植性、兼容性、错误恢复能力和可维护性等）是否令用户满意。

验收测试的结果有两种可能，一种是功能和性能指标满足软件需求说明的要求，用户可以接受；另一种是软件不满足软件需求说明的要求，用户无法接受。如果项目进行到这个阶段才发现有严重错误和偏差一般很难在预定的工期内改正，因此必须与用户协商，寻求一个妥善解决问题的方法。

4. 验收测试的常用策略

选择的验收测试的策略通常建立在合同需求、组织和公司标准以及应用领域的基础上。实施验收测试的常用策略有三种，具体说明如下。

（1）正式验收测试：正式验收测试是一项管理严格的过程，它通常是系统测试的延续。计划和设计这些测试的周密和详细程度不亚于系统测试。选择的测试用例应该是系统测试中所执行测试用例的子集。不要偏离所选择的测试用例方向，这一点很重要。在很多组织中，正式验收测试是完全自动执行的。对于系统测试，活动和工件是一样的。在某些组织中，开发组织（或其独立的测试小组）与最终用户组织的代表一起执行验收测试。在其他组织中，验收测试则完全由最终用户组织执行，或者由最终用户组织选择人员组成一个客观公正的小组来执行。

（2）非正式验收或 Alpha 测试：在非正式验收测试中，执行测试过程的限定不像正式验收测试中那样严格。在此测试中，确定并记录要研究的功能和业务任务，但没有可以遵循的特定测试用例。测试内容由各测试员决定。这种验收测试方法不像正式验收测试那样组织有序，而且更为主观。大多数情况下，非正式验收测试是由最终用户组织执行的。

（3）Beta 测试：与以上两种验收测试策略相比，Beta 测试需要的控制是最少的。在 Beta 测试中，采用的细节多少、数据和方法完全由各测试员决定。各测试员负责创建自己的环境、选择数据，并决定要研究的功能、特性或任务。各测试员负责确定自己对于系统当前状态的接受标准。Beta 测试由最终用户实施，通常开发组织对其的管理很少或不进行管理。Beta 测试是所有验收测试策略中最主观的。

本章小结

单元测试是测试执行的开始阶段,测试对象是每个单元,测试目的是保证每个模块或组件能正常工作。单元测试主要采用白盒测试方法,检测程序的内部结构。

集成测试也称为组装测试。即在单元测试基础上,对已测试过的模块进行组装,进行集成测试。测试目的是检验与接口有关的模块之间的问题。集成测试主要采用黑盒测试方法。

确认测试也称有效性测试。在完成集成测试后,验证软件的功能和性能及其他特性是否符合用户要求。测试目的是保证系统能够按照用户预定的要求工作。确认测试通常采用黑盒测试方法。

系统测试在完成确认测试后,为了检验它能否与实际环境(如软硬件平台、数据和人员等)协调工作,还需要进行系统测试。可以说,系统测试之后,软件产品基本满足开发要求。

验收测试是测试过程的最后一个阶段。验收测试主要突出用户的作用,同时软件开发人员也应该参与进去。

练习题

一、判断题

1. 验收测试是由最终用户来实施的。 （   ）
2. 单元测试能发现约 80％ 的软件缺陷。 （   ）
3. 集成测试计划在需求分析阶段末提交。 （   ）
4. Beta 测试是验收测试的一种。 （   ）
5. 自底向上集成需要测试员编写驱动程序。 （   ）

二、选择题

1. 集成测试分为渐增组装测试和（   ）。
   A. 非渐增组装测试　　　　　　　　B. 确认测试
   C. 单元测试　　　　　　　　　　　D. 测试计划
2. 集成测试中使用的辅助模块分为驱动模块和（   ）。
   A. 传入模块　　　　　　　　　　　B. 主模块
   C. 桩模块　　　　　　　　　　　　D. 传出模块
3. 驱动模块模拟的是（   ）。
   A. 子模块　　　　　　　　　　　　B. 第一模块
   C. 底层模块　　　　　　　　　　　D. 主程序
4. 单元测试的测试用例主要根据（   ）的结果来设计。
   A. 需求分析　　　　　　　　　　　B. 源程序
   C. 概要设计　　　　　　　　　　　D. 详细设计

5. 单元测试的测试目的是(　　　)。

　　A. 保证每个模块或件能正常工作　　　B. 保证每个程序能正常工作

　　C. 确保缺陷得到解决　　　　　　　　D. 使程序正常运行

三、简答题

1. 单元测试的内容包括哪些?

2. 集成测试的集成方式有哪几种?

3. 谈谈你对验收测试策略的理解。

第 4 章　软件测试策略

本章目标

- 了解策略与软件测试策略
- 掌握软件测试策略的重要性
- 掌握软件测试策略的目的及主要内容

本章单词

test strategy：_____　　test approach：_____

risks：_____　　interface：_____

软件测试策略必须提供可以用来检验一小段源代码是否得以正确实现的低层测试，同时也要提供能够验证整个系统的功能是否符合用户需求的高层测试。一种策略必须为使用者提供指南，并且为管理者提供一系列的重要里程碑。因为测试策略的步骤是在软件完成的最终期限的压力已经开始出现的时候才开始进行的，所以测试的进度必须是可测量的，而且问题要尽可能早地暴露出来。由此可见软件测试策略在软件测试过程中是多么的重要，那什么是软件测试策略？它与传统意义上的策略有什么区别？如何制定软件测试策略呢？

4.1 软件测试策略的定义

策略，在一定的政治路线指导下，根据具体条件而规定的斗争原则、方式和方法。而软件测试策略，在一定的软件测试标准、测试规范的指导下，依据测试项目的特定环境约束而规定的软件测试的原则、方式、方法的集合。

4.2 软件测试策略的重要性

任何一个完全测试或穷举测试的工作量都是巨大的，在实践上是行不通的，因此任何实际测试都不能保证被测程序中不遗漏错误或缺陷；为了最大程度较少这种遗漏，同时最大限度发现可能存在的错误，在实施测试前必须确定合适的测试方法和测试策略，并以此为依据来制定详细的测试案例。

4.3 软件测试策略的主要目的

不是所有软件测试都要运用现有软件测试方法去测试。依据软件本身性质、规模和应用场合的不同，我们将选择不同测试方案，以最少的软硬件、人力资源投入得到最佳的测试效果，这就是测试策略的目标所在。

测试策略的目标包括取得利益相关者（比如管理部门、开发人员、测试人员、顾客和用户等）的一致性目标；从开始阶段对期望值进行管理；确保"开发方向正确"；确定所有要进行的测试类型。

测试策略为测试提供全局分析，并确定或参考，诸如项目计划、风险和需求；相关的规则、政策或指示；所需过程、标准与模板；支持准则；利益相关者及其测试目标；测试资源与评估；测试层次与阶段；测试环境；各阶段的完成标准；所需的测试文档与检查方法。

4.4 软件测试策略的主要内容

1. 静态分析

静态分析可以做到的一些工作,可能发现的程序欠缺如下:

(1) 用错的局部变量和全程变量;

(2) 不匹配的参数;

(3) 不适当的循环嵌套和分支嵌套;

(4) 不适当的处理顺序;

(5) 无终止的死循环;

(6) 未定义的变量;

(7) 不允许的递归;

(8) 调用并不存在的子程序;

(9) 遗漏了标号或代码;

(10) 不适当的连接。

找到潜伏着问题的根源:

(1) 未使用过的变量;

(2) 不会执行到的代码;

(3) 未引用过的标号;

(4) 可疑的计算;

(5) 潜在的死循环。

提供间接涉及程序欠缺的信息:

(1) 每一类型语句出现的次数;

(2) 所用变量和常量的交叉引用表;

(3) 标识符的使用方式;

(4) 过程的调用层次;

(5) 违背编码规则;

(6) 为进一步查错作准备;

(7) 选择测试用例;

(8) 进行符号测试。

2. 黑盒测试

黑盒测试又称功能测试、数据驱动测试或基于规格说明的测试。用这种方法进行测试时,被测程序被当作打不开的黑盒,因而无法了解其内部构造。在完全不考虑程序内部结构和内部特性的情况下,测试者只知道该程序输入和输出之间的关系,或是程序的功能。他必须依靠能够反映这一关系和程序功能的需求规格说明书考虑确定测试用例,并推断测试结果的正确性。即所依据的只能是程序的外部特性。因此,黑盒测试是从用户观点出发的测试。

3．白盒测试

白盒测试又称结构测试、逻辑驱动测试或基于程序的测试。采用这一测试方法，测试者可以看到被测的源程序，他可用以分析程序的内部构造，并且根据其内部构造设计测试用例。这时测试者可以完全不顾程序的功能。

4．软件工程过程

首完，系统工程为软件开发规定了任务，从而把它与硬件要完成的任务明确地划分开。接着便是进行软件需求分析，决定被开发软件的信息域、功能、性能、限制条件并确定该软件项目完成后的确认准则。沿着螺线向内旋转，将进入软件设计和代码编写阶段。从而使得软件开发工作从抽象逐步走向具体化。

软件测试工作也可以从这一螺旋线上体现出来。在螺线的核心点针对每个单元的源代码进行单元测试。在各单元测试完成以后，沿螺线向外前进，开始针对软件整体构造和设计的集成测试。然后是检验软件需求能否得到满足的确认测试。最后，来到螺线的最外层，把软件和系统的其他部分协调起来，当作一个媒体完成系统测试。这样，沿着螺旋线，从内向外，逐步扩展了测试的范围。

测试的 4 个步骤，开始是分别完成每个单元的测试任务，以确保每个模块能正常工作。单元测试大量地采用了白盒测试方法，尽可能发现模块内部的程序差错。然后，把已测试过的模块组装起来，进行集成测试。其目的在于检验与软件设计相关的程序结构问题。这时较多地采用黑盒测试方法来设计测试用例。完成集成测试以后，要对开发工作初期制定的确认准则进行检验。确认测试是检验所开发的软件能否满足所有功能和性能需求的最后手段，通常采用黑盒测试方法。完成确认测试以后，给出的应该是合格的软件产品，但为检验它能否与系统的其他部分（如硬件、数据库及操作人员）协调工作，需要进行系统测试。严格地说，系统测试已超出了软件工程的范围。

5．单元测试

单元测试是要针对每个模块的程序，解决以下五个方面的问题。

(1) 模块接口：对被测的模块，信息能否正常无误地流入和流出；

(2) 局部数据结构：在模块工作过程中，其内部的数据能否保持其完整性，包括内部数据的内容、形式及相互关系不发生错误；

(3) 边界条件：在为限制数据加工而设置的边界处，模块是否能够正常工作；

(4) 覆盖条件：模块的运行能否做到满足特定的逻辑覆盖；

(5) 出错处理：模块工作中发生了错误，其中的出错处理设施是否有效。

模块与其设置环境的接口有无差错应首先得到检验，否则其内部的各种测试工作也将是徒劳的。除局部数据结构外，在单元测试中还应弄清楚全程数据（如 Fortran 语言的 Common）对模块的影响。

如何设计测试用例，使得模块测试能够高效率地发现其中的错误，这是非常关键的问题。程序运行中出现了异常现象并不奇怪，良好的设计应该预先估计到投入运行后可能发生的错误，并给出相应的处理措施，使得用户不至于束手无策。检验程序中出错处理这一问题解决得怎样，可能出现的情况有：

(1) 对运行发生的错误描述得难以理解；

(2) 指明的错误并非实际遇到的错误；

（3）出错后，尚未进行出错处理便引入系统干预；

（4）意外的处理不当；

（5）提供的错误信息不足，以致无法找到出错的原因。

边界测试是单元测试的最后一步，是不容忽视的。实践表明，软件常常在边界地区发生问题。例如，处理 n 维数组的第 n 个元素时很容易出错，循环执行到最后一次执行循环体时也可能出错。这可按前面讨论的，利用边值分析方法来设计测试用例，以便发现这类程序错误。

6. 集成测试

集成测试是在完成单元测试的基础上，需要将所有模块按照设计要求组装成为系统。这时需要考虑以下问题：

（1）在把各个模块连接起来的时候，穿越模块接口的数据是否会丢失；

（2）一个模块的功能是否会对另一个模块的功能产生不利的影响；

（3）各个子功能组合起来，能否达到预期要求的父功能；

（4）全局数据结构是否有问题；

（5）单个模块的误差累积起来，是否会放大，从而达到不能接受的程度；

（6）单个模块的错误是否会导致数据库错误。

集成测试（integration testing）是介于单元测试和系统测试之间的过渡阶段，与软件开发计划中的软件概要设计阶段相对应，是单元测试的扩展和延伸。

集成测试的定义是根据实际情况对程序模块采用适当的集成测试策略组装起来，对系统的接口以及集成后的功能进行正确校验的测试工作。

7. 系统测试

在软件的各类测试中，系统测试是最接近于人们的日常测试实践。它是将已经集成好的软件系统，作为整个计算机系统的一个元素，与计算机硬件、外设、某些支持软件、数据和人员等其他系统元素结合在一起，在实际运行环境下，对计算机系统进行一系列的组装测试和确认测试。

8. 验收测试

验收测试（acceptance testing）是向未来的用户表明系统能够像预定要求的那样工作。

通过综合测试之后，软件已完全组装起来，接口方面的错误也已排除，软件测试的最后一步——验收测试即可开始。

验收测试的目的是确保软件准备就绪，并且可以让最终用户将其用于执行软件的既定功能和任务。验收测试是检验软件产品质量的最后一道工序。验收测试通常更突出客户的作用，同时软件开发人员也有一定的参与。如何组织好验收测试并不是一件容易的事。以下对验收测试的任务、目标以及验收测试的组织管理给出详细介绍。

9. 恢复测试

恢复测试是要采取各种人工干预方式使软件出错，而不能正常工作，进而检验系统的恢复能力。如果系统本身能够自动进行恢复，则应检验：重新初始化，检验点设置机构、数据恢复以及重新启动是否正确。如果这一恢复需要人为干预，则应考虑平均修复时间是否在限定的范围以内。

10. 安全测试

安全测试的目的在于验证安装在系统内的保护机构确实能够对系统进行保护,使之不受各种干扰。系统的安全测试要设置一些测试用例试图突破系统的安全保密措施,检验系统是否有安全保密的漏洞。

11. 强度测试

检验系统的能力最高实际限度。进行强度测试时,让系统的运行处于资源的异常数量、异常频率和异常批量的条件下。例如,如果正常的中断平均频率为每秒 1~2 次,强度测试设计为每秒 10 次中断。又如某系统正常运行可支持 10 个终端并行工作,强度测试则检验 15 个终端并行工作的情况。

12. 性能测试

性能测试检验安装在系统内的软件运行性能。这种测试常常与强度测试结合起来进行。为记录性能需要在系统中安装必要的量测仪表或是为度量性能而设置的软件(或程序段)。

4.5 软件测试策略的影响因素

软件测试策略随着软件生命周期的变化、软件测试方法、技术与工具的不同发生的变化。这就要求我们在制定测试策略时候,应该综合考虑测试策略的影响因素及其依赖关系。这些影响因素可能包括:测试项目资源因素、项目的约束和测试项目的特殊需要等。

4.6 软件测试策略的制定过程

1. 输入

(1) 需要的软硬件资源的详细说明;

(2) 针对测试和进度约束而需要的人力资源的角色和职责;

(3) 测试方法、测试标准和完成标准;

(4) 目标系统的功能性和技术性需求;

(5) 系统局限(即系统不能够提供的需求)等。

2. 输出

(1) 已批准和签署的测试策略文档、测试用例、测试计划;

(2) 需要解决方案的测试项目。

3. 过程

(1) 确定测试的需求

测试需求所确定的是测试内容,即测试的具体对象。在分析测试需求时,可应用以下几条一般规则。

① 测试需求必须是可观测、可测评的行为。如果不能观测或测评测试需求,就无法对其进行评估,以确定需求是否已经满足。

② 在每个用例或系统的补充需求与测试需求之间不存在一对一的关系。用例通常具有多个测试需求；有些补充需求将派生一个或多个测试需求，而其他补充需求（如市场需求或包装需求）将不派生任何测试需求。

③ 测试需求可能有许多来源，其中包括用例模型、补充需求、设计需求、业务用例、与最终用户的访谈和软件构架文档等。应该对所有这些来源进行检查，以收集可用于确定测试需求的信息。

（2）评估风险并确定测试优先级

成功的测试需要在测试工作中成功地权衡资源约束和风险等因素。为此，应该确定测试工作的优先级，以便先测试最重要、最有意义或风险最高的用例或构件。为了确定测试工作的优先级，需执行风险评估和实施概要，并将其作为确定测试优先级的基础。

（3）确定测试策略

一个好的测试策略应该包括：实施的测试类型和测试的目标、实施测试的阶段、技术、用于评估测试结果和测试是否完成的评测和标准、对测试策略所述的测试工作存在影响的特殊事项等内容。

如何才能确定一个好的测试策略呢？我们可以从基于测试技术的测试策略、基于测试方案的测试策略两个方面来回答这个问题。

① 基于测试技术的测试策略的要点。著名测试专家给出了使用各种测试方法的综合策略：

- 任何情况下都必须使用边界值测试方法；
- 必要时使用等价类划分方法补充一定数量的测试用例；
- 对照程序逻辑，检查已设计出的测试用例的逻辑覆盖程度，看是否达到了要求；如果程序功能规格说明中含有输入条件的组合情况，则可以选择因果图方法。

② 基于测试方案的测试策略。对于基于测试方案的测试策略，一般来说应该考虑如下方面：

- 根据程序的重要性和一旦发生故障将造成的损失来确定它的测试等级和测试重点；
- 认真研究，使用尽可能少的测试用例发现尽可能多的程序错误，避免测试过度和测试不足！

本章小结

本章主要介绍了软件测试策略、软件测试策略的重要性、主要目的、主要内容、影响因素及软件测试策略制定过程。策略，在一定的政治路线指导下，根据具体条件而规定的斗争原则、方式和方法。而软件测试策略，在一定的软件测试标准、测试规范的指导下，依据测试项目的特定环境约束而规定的软件测试的原则、方式、方法的集合。软件测试策略随着软件生命周期的变化、软件测试方法、技术与工具的不同发生的变化。这就要求测试人员在制定测试策略时，应该综合考虑测试策略的影响因素及其依赖关系。测试策略的目标包括取得利益相关者（比如管理部门、开发人员、测试人员、顾客和用户等）的一致性目标。首先确定测试的需求，然后评估风险并确定测试优先级，最后确定测试策略。在实施测试前必须确定合适的测试方法和测试策略,并以此为依据制定详细的测试案例。

练习题

一、判断题

1. 项目立项前测试人员不需要提交任何工件。　　　　　　　　　　　　　(　)

2. 测试需求一定要写得很详细。　　　　　　　　　　　　　　　　　　(　)

3. 测试需求就是软件需求。　　　　　　　　　　　　　　　　　　　　(　)

4. 测试组负责软件质量。　　　　　　　　　　　　　　　　　　　　　(　)

5. 测试人员可以人为使得软件不存在配置问题。　　　　　　　　　　　(　)

二、选择题

1. 按照测试策略和过程,测试可以分为(　)。
　　A. 单元、白盒、确认、系统、验收　　　　B. 单元、集成、确认、系统、验收
　　C. 白盒、黑盒、确认、系统、验收　　　　D. 白盒、集成、确认、系统、验收

2. 验收测试的测试用例主要根据(　)的结果来设计。
　　A. 需求分析　　　　B. 源程序　　　　C. 概要设计　　　　D. 详细设计

3. 关于黑盒测试与白盒测试的区别,下列说法正确的是(　)。
　　A. 白盒测试侧重于程序结构,黑盒测试侧重于功能
　　B. 白盒测试可以使用自动测试工具,黑盒测试不能使用工具
　　C. 白盒测试需要开发人员参与,黑盒测试不需要
　　D. 黑盒测试比白盒测试应用更广泛

4. 驱动模块模拟的是(　)。
　　A. 子模块　　　　B. 第一模块　　　　C. 底层模块　　　　D. 主程序

5. 软件测试策略的影响因素可能不包括(　)。
　　A. 测试项目资源因素　　　　　　　　B. 项目的约束
　　C. 文档的影响　　　　　　　　　　　D. 测试项目的特殊需要

三、简答题

1. 简述软件测试策略的定义。

2. 简述软件测试策略的过程。

3. 软件测试策略的主要内容有哪些?

第5章 白盒测试

本章目标

- 掌握白盒测试方法
- 了解白盒测试的使用方法
- 运用方法设计案例

本章单词

complete path testing：_____   measurement：_____

glass-box testing：_____   module testing：_____

白盒测试是一个与黑盒测试相对的概念,是指测试者针对可见代码进行的一种测试。白盒测试是不可或缺的,那么,白盒测试应做到什么程度才算合适呢?具体来说,白盒测试与黑盒测试应维持什么样的比例才算合适?

5.1　逻辑覆盖法

首先为了下文的举例描述方便,这里先给出一张程序流程图 5-1。(本文以 1995 年软件设计师考试的一道考试题目为例。)

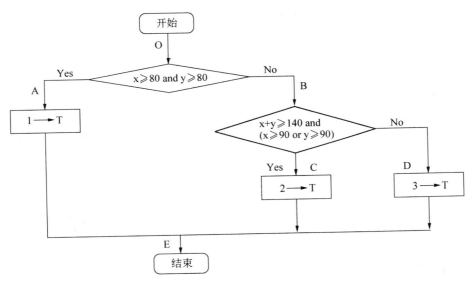

图 5-1　流程图

(1) 语句覆盖

① 主要特点。语句覆盖是最起码的结构覆盖要求,语句覆盖要求设计足够多的测试用例,使得程序中每条语句至少被执行一次。

② 用例设计见表 5-1。如果此时将 A 路径上的语句 1→T 去掉,那么用例如表 5-1 所示。

表 5-1　语句覆盖用例设计

序号 \ 条件	X	Y	路径
1	50	50	OBDE
2	90	70	OBCE

③ 优点。可以很直观地从源代码得到测试用例,无须细分每条判定表达式。

④ 缺点。由于这种测试方法仅仅针对程序逻辑中显式存在的语句,但对于隐藏的条件和可能到达的隐式逻辑分支,是无法测试的。在本例中去掉了语句 1→T,那么就少了一条

测试路径。在 if 结构中若源代码没有给出 else 后面的执行分支,那么语句覆盖测试就不会考虑这种情况。但是我们不能排除除此之外的分支会被执行,而往往这种错误会经常出现。再如,在 do-while 结构中,语句覆盖执行其中某一个条件分支。那么,语句覆盖对于多分支的逻辑运算是无法全面反映的,它只保证运行一次,而不考虑其他情况。

(2)判定覆盖

① 主要特点。判定覆盖又称为分支覆盖,它要求设计足够多的测试用例,使得程序中每个判定至少有一次为真值,有一次为假值,即:程序中的每个分支至少执行一次。每个判断的取真、取假至少执行一次。

② 用例设计见表 5-2。

表 5-2　判定覆盖用例设计

序号 \ 条件	X	Y	路径
1	90	90	OAE
2	50	50	OBDE
3	90	70	OBCE

③ 优点。判定覆盖比语句覆盖要多几乎一倍的测试路径,当然也就具有比语句覆盖更强的测试能力。同样判定覆盖也具有和语句覆盖一样的简单性,无须细分每个判定就可以得到测试用例。

④ 缺点。往往大部分的判定语句是由多个逻辑条件组合而成(如,判定语句中包含 and、or、case),若仅仅判断其整个最终结果,而忽略每个条件的取值情况,必然会遗漏部分测试路径。

(3)条件覆盖

① 主要特点。条件覆盖要求设计足够多的测试用例,使得判定中的每个条件获得各种可能的结果,即每个条件至少有一次为真值,有一次为假值。

② 用例设计见表 5-3。

表 5-3　条件覆盖用例设计

序号 \ 条件	X	Y	路径
1	90	70	OBC
2	40	90	OBD

③ 优点。显然条件覆盖比判定覆盖增加了对符合判定情况的测试,增加了测试路径。

④ 缺点。要达到条件覆盖,需要足够多的测试用例,但条件覆盖并不能保证判定覆盖。条件覆盖只能保证每个条件至少有一次为真,而不考虑所有的判定结果。

(4)判定/条件覆盖

① 主要特点。设计足够多的测试用例,使得判定中每个条件的所有可能结果至少出现一次,每个判定本身所有可能结果也至少出现一次。

② 用例设计见表 5-4。

表 5-4　判定/条件覆盖用例设计

序号 条件	X	Y	路径
1	90	90	OAE
2	50	50	OBDE
3	90	70	OBCE
4	70	90	OBCE

③ 优点。判定/条件覆盖满足判定覆盖准则和条件覆盖准则,弥补了二者的不足。

④ 缺点。判定/条件覆盖准则的缺点是未考虑条件的组合情况。

（5）组合覆盖

① 主要特点。要求设计足够多的测试用例,使得每个判定中条件结果的所有可能组合至少出现一次。

② 用例设计见表 5-5。

表 5-5　组合覆盖用例设计

序号 条件	X	Y	路径
1	90	90	OAE
2	90	70	OBCE
3	90	30	OBDE
4	70	90	OBCE
5	30	90	OBDE
6	70	70	OBDE
7	50	50	OBDE

③ 优点。多重条件覆盖准则满足判定覆盖、条件覆盖和判定/条件覆盖准则。更改的判定/条件覆盖要求设计足够多的测试用例,使得判定中每个条件的所有可能结果至少出现一次,每个判定本身的所有可能结果也至少出现一次,并且每个条件都显示能单独影响判定结果。

④ 缺点。线性地增加了测试用例的数量。

（6）路径覆盖

① 主要特点。设计足够的测试用例,覆盖程序中所有可能的路径。

② 用例设计见表 5-6。

表 5-6　路径覆盖用例设计

序号 条件	X	Y	路径
1	90	90	OAE
2	50	50	OBDE
3	90	70	OBCE
4	70	90	OBCE

③ 优点。这种测试方法可以对程序进行彻底的测试,比前面五种的覆盖面都广。

④ 缺点。由于路径覆盖需要对所有可能的路径进行测试(包括循环、条件组合、分支选择等),那么需要设计大量、复杂的测试用例,使得工作量呈指数级增长。而在有些情况下,一些执行路径是不可能被执行的,如:

```
if(!A) B++;
else D--;
```

这两个语句实际只包括了两条执行路径,即 A 为真或假时对 B 和 D 的处理,真或假不可能都存在,而路径覆盖测试则认为是包含了真与假的 4 条执行路径。这样不仅降低了测试效率,而且大量测试结果的累积,也为排错带来麻烦。

5.2 路径覆盖法

路径覆盖法是在程序控制流图的基础上,通过分析控制构造的环路复杂性,导出基本可执行路径集合,从而设计测试用例的方法。

设计出的测试用例要保证在测试中程序的语句覆盖 100%,条件覆盖 100%。

1. 步骤和方法

在程序控制流图的基础上,通过分析控制构造的环路复杂性,导出基本可执行路径集合,从而设计测试用例。包括以下 4 个步骤和一个工具方法。

(1) 4 个步骤

① 画出控制流图:描述程序控制流的一种图示方法。

② 计算圈复杂度:McCabe 复杂性度量。从程序的环路复杂性可导出程序基本路径集合中的独立路径条数,这是确定程序中每个可执行语句至少执行一次所必需的测试用例数目的上界。

③ 导出测试用例:根据圈复杂度和程序结构设计用例数来据输入和预期结果。

④ 准备测试用例:确保基本路径集中的每一条路径的执行。

(2) 工具方法

图形矩阵:是在基本路径测试中起辅助作用的软件工具,利用它可以实现自动地确定一个基本路径集。

程序的控制流图如图 5-2 所示。这是描述程序控制流的一种图示方法。圆圈称为控制流图的一个节点,表示一个或多个无分支的语句或源程序语句;箭头称为边或连接,代表控制流。

可以根据程序流程图画出程序的控制流程图,如图 5-3 所示。

在将程序流程图简化成控制流图时,应注意以下几点:

① 在选择或多分支结构中,分支的汇聚处应有一个汇聚节点;

② 边和节点圈定的区域称为区域。当对区域计数时,图形外的区域也应记为一个区域;

③ 如果判断中的条件表达式是由一个或多个逻辑运算符(or,and,nand,nor)连接的复

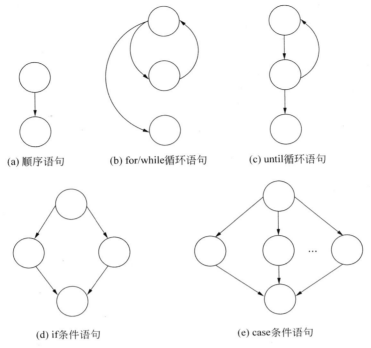

(a) 顺序语句　　　(b) for/while循环语句　　　(c) until循环语句

(d) if条件语句　　　　　　(e) case条件语句

图 5-2　程序的控制流图

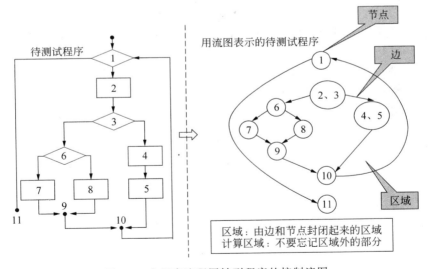

图 5-3　由程序流程图转到程序的控制流图

合条件表达式,则需要改为一系列只有单条件的嵌套的判断。

2．应用实例

路径覆盖法应用实例的步骤如下。

（1）画出控制流图

控制流图用来描述程序控制结构。可将程序流程图映射到一个相应的控制流图（假设程序流程图的菱形决定框中不包含复合条件)。在控制流图中,每一个圆称为控制流图的节点,代表一个或多个语句。一个处理方框序列和一个菱形决策框可被映射为一个节点,控制流图中的箭头,称为边或连接,代表控制流,类似于程序流程图中的箭头。一条边必须终止于一个节点,即使该节点并不代表任何语句(例如 if-else-then 结构)。由边和节点限定的范围称为区域。计算区域时应包括图外部的范围。

例 1　有下面的 C 函数,用路径覆盖法进行测试

```
1     void Sort(int iRecordNum,int iType)
2     {
3       int x=0;
4       int y=0;
5       while(iRecordNum>0)
6       {
7         if(0==iType)
8           {x=y+2;break;}
9         else
10          if(1==iType)
11            x=y+10;
12          else
13            x=y+20;
14        iRecordNum--;
15      }
16    }
```

画出其程序流程图和对应的控制流图如图 5-4 和图 5-5 所示。

(2) 计算圈复杂度

圈复杂度是一种为程序逻辑复杂性提供定量测度的软件度量,将该度量用于计算程序的基本的独立路径数目,为确保所有语句至少执行一次的测试数量的上界。独立路径必须包含一条在定义之前不曾用到的边。

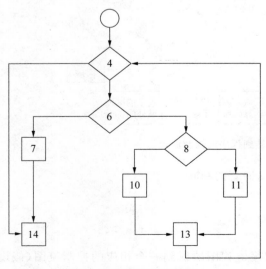

图 5-4　实例程序流程图

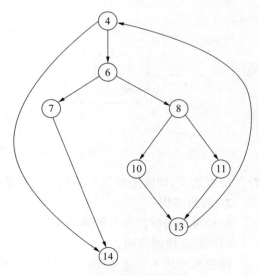

图 5-5　实例控制流图

有以下三种方法计算圈复杂度。

① 控制流图中区域的数量对应于环形的复杂性。

② 给定控制流图 G 的圈复杂度 $V(G)$,定义为 $V(G)=E-N+2$,E 是控制流图中边的数量,N 是流图中节点的数量。

③ 给定控制流图 G 的圈复杂度 $V(G)$,定义为 $V(G)=P+1$,P 是控制流图 G 中判定节点的数量。

对图 5-5 中的圈复杂度,计算如下。

控制流图中有四个区域。

$V(G)=10$ 条边-8 节点$+2=4$;

$V(G)=3$ 个判定节点$+1=4$。

（3）导出测试用例

根据上面的计算方法,可得出四条独立的路径。一条独立路径是指,和其他的独立路径相比,至少引入一个新处理语句或一个新判断的程序通路。$V(G)$ 值正好等于该程序的独立路径的条数。

路径 1：4→14

路径 2：4→6→7→14

路径 3：4→6→8→10→10→4→14

路径 4：4→6→8→11→10→4→14

根据上面的独立路径设计输入数据,使程序分别执行到上面四条路径。

（4）准备测试用例

为了确保基本路径集中的每一条路径的执行,根据判断节点给出的条件,选择适当的数据以保证某一条路径可以被测试到,满足上面例子基本路径集的测试用例如下。

路径 1：4→14

输入数据：iRecordNum$=0$。或者取 iRecordNum<0 的某一个值。

预期结果：$x=0$

路径 2：4→6→7→14

输入数据：iRecordNum$=1$,iType$=0$

预期结果：$x=2$

路径 3：4→6→8→10→10→4→14

输入数据：iRecordNum$=1$,iType$=1$

预期结果：$x=10$

路径 4：4→6→8→11→10→4→14

输入数据：iRecordNum$=1$,iType$=2$

预期结果：$x=20$

本章小结

本章主要介绍了白盒测试方法定义、逻辑覆盖、路径覆盖及如何使用这些方法运用到工作中。白盒测试的特点：依据软件设计说明书进行测试、对程序内部细节的严密检验、针对特定条件设计测试用例、对软件的逻辑路径进行覆盖测试。

白盒的测试用例需要做到：

（1）保证一个模块中的所有独立路径至少被使用一次；

（2）对所有逻辑值均需测试 true 和 false；

（3）在上下边界及可操作范围内运行所有循环；

（4）检查内部数据结构以确保其有效性。

白盒测试的目的：通过检查软件内部的逻辑结构，对软件中的逻辑路径进行覆盖测试；在程序不同地方设立检查点，检查程序的状态，以确定实际运行状态与预期状态是否一致。

练习题

一、判断题

1. 代码评审是检查源代码是否达到模块设计的要求。 （ ）

2. 代码评审员一般由测试员担任。 （ ）

3. 一个程序中所含有的路径数与程序的复杂程度有着直接的关系。 （ ）

4. 静态检查就是看代码。 （ ）

二、选择题

1. 选出属于白盒测试方法的选项（ ）。

    A. 测试用例覆盖   B. 输入覆盖   C. 输出覆盖

    D. 分支覆盖   E. 语句覆盖   F. 条件覆盖

2. 测试设计员的职责有（ ）。

    A. 制订测试计划   B. 设计测试用例

    C. 设计测试过程、脚本   D. 评估测试活动

3. 测试用例包括（ ）。

    A. 标识符   B. 要测试的特性、方法

    C. 测试用例信息   D. 通过/失败规则

4. 下列逻辑覆盖测试方法中，覆盖能力最强的是（ ）。

    A. 语句覆盖   B. 判定覆盖

    C. 条件覆盖   D. 条件组合覆盖

5. 选出属于白盒测试方法（ ）。

    A. 测试用例覆盖   B. 输入覆盖

    C. 输出覆盖   D. 条件覆盖

三、设计题

对下列 C 语言程序设计逻辑覆盖测试用例。

```
if(x>100&& y>500) then
    score=score+1
if(x>=1000|| z>5000) then
    score=score+5
```

第6章　黑盒测试

本章目标
- 掌握黑盒测试方法
- 了解黑盒测试的方法使用
- 运用方法设计案例

本章单词

equivalence testing：_____　　black-box testing：_____

boundary values：_____　　actual outcome：_____

　　黑盒测试也称功能测试,它是通过测试来检测每个功能是否都能正常使用。在测试中,把程序看作一个不能打开的黑盒子,在完全不考虑程序内部结构和内部特性的情况下,在程序接口进行测试。它只检查程序功能是否按照需求规格说明书的规定正常使用,程序是否能适当地接收输入数据而产生正确的输出信息。黑盒测试着眼于程序外部结构,不考虑内部逻辑结构,主要针对软件界面和软件功能进行测试,也是作为测试人员以后从事测试工作的基础和重点。由此可见黑盒测试在软件测试中是多么的重要。

6.1　等价类划分法

　　等价类划分是一种典型的黑盒测试方法,用这一方法设计测试用例完全不考虑程序的内部结构,只根据对程序的需求和说明,即需求规格说明书。由于穷举测试工作量太大,以至于无法实际完成,促使我们在大量的可能数据中选取其中的一部分作为测试用例。

　　等价类划分法是把程序的输入域划分成若干部分,然后从每个部分中选取少数代表性数据当作测试用例。每一类的代表性数据在测试中的作用等价于这一类中的其他值,也就是说,如果某一类中的一个例子发现了错误,这一等价类中的其他例子也能发现同样的错误;反之,如果某一类中的一个例子没有发现错误,则这一类中的其他例子也不会查出错误。

　　使用这一方法设计测试用例,首先必须在分析需求规格说明的基础上划分等价类,列出等价类表。

　　划分等价类的原则为:

　　(1) 按区间划分;

　　(2) 按数值划分;

　　(3) 按数值集合划分;

　　(4) 按限制条件或规则划分。

　　可以把全部输入数据合理划分为若干等价类,在每一个等价类中取一个数据作为测试的输入条件,就可以用少量代表性的测试数据取得较好的测试结果。

　　等价类划分有两种不同的情况。

　　(1) 有效等价类:是指对于程序的规格说明来说是合理的、有意义的输入数据构成的集合。利用有效等价类可检验程序是否实现了规格说明中所规定的功能和性能。

　　(2) 无效等价类:与有效等价类的定义恰巧相反。

　　设计测试用例时,要同时考虑这两种等价类。因为软件不仅要能接收合理的数据,也要能经受意外的考验。这样的测试才能确保软件具有更高的可靠性。

　　在输入条件规定了取值范围或值的个数的情况下,则可以确立一个有效等价类和两个无效等价类。

　　在输入条件规定了输入值的集合或者规定了"必须如何"条件的情况下,可以确立一个有效等价类和一个无效等价类。

　　在输入条件是一个布尔量的情况下,可确定一个有效等价类和一个无效等价类。

　　在规定了输入数据的一组值(假定 n 个),并且程序要对每一个输入值分别处理的情况下,可确立 n 个有效等价类和一个无效等价类。

在规定了输入数据必须遵守的规则的情况下,可确立一个有效等价类(符合规则)和若干个无效等价类(从不同角度违反规则)。

在确知已划分的等价类中各元素在程序处理中的方式不同的情况下,则应再将该等价类进一步地划分为更小的等价类。

在确立了等价类之后,建立等价类,如表 6-1 所示,列出所有划分出的等价类。

表 6-1　等价类

输入条件	有效等价类编号	有效等价类	无效等价类编号	无效等价类
		...		...

根据已列出的等价类表,按以下步骤确定测试用例:

(1) 为每个等价类规定一个唯一的编号;

(2) 设计一个新的测试用例,使其尽可能多地覆盖尚未覆盖的有效等价类。重复这一步,最后使得所有有效等价类均被测试用例所覆盖;

(3) 设计一个新的测试用例,使其只覆盖一个无效等价类。重复这一步使所有无效等价类均被覆盖。

根据下面给出的规格说明,利用等价类划分的方法,给出足够的测试用例。

一个程序读入 3 个整数,把这三个数值看作一个三角形的 3 条边的长度值。这个程序要打印出信息,说明这个三角形是不等边的、是等腰的、还是等边的。

例 1　三角形判断的例子。

可以设三角形的 3 条边分别为 A、B、C。如果它们能够构成三角形的 3 条边,必须满足:

$A>0, B>0, C>0$,且 $A+B>C, B+C>A, A+C>B$。

如果是等腰的,还要判断 $A=B$,或 $B=C$,或 $A=C$。

如果是等边的,则需判断是否 $A=B$,且 $B=C$,且 $A=C$。三角形等价类见表 6-2,测试用例见表 6-3。

表 6-2　三角形等价类

输入条件	有效等价类编号	有效等价类	无效等价类编号	无效等价类
是否是三角形的三条边	(1) (2) (3) (4) (5) (6)	$(A>0)$, $(B>0)$, $(C>0)$, $(A+B>C)$, $(B+C>A)$, $(A+C>B)$	(7) (8) (9) (10) (11) (12)	$(A\leqslant 0)$, $(B\leqslant 0)$, $(C\leqslant 0)$, $(A+B\leqslant C)$, $(B+C\leqslant A)$, $(A+C\leqslant B)$
是否是等腰三角形	(13) (14) (15)	$(A=B)$, $(B=C)$, $(C=A)$	(16)	$(A\neq B)$ and $(B\neq C)$ and $(C\neq A)$
是否是等边三角形	(17)	$(A=B)$ and $(B=C)$ and $(C=A)$	(18) (19) (20)	$(A\neq B)$, $(B\neq C)$, $(C\neq A)$

表 6-3　三角形等价类划分测试用例

序号	【A,B,C】	覆盖等价类	输　出
1	【3,4,5】	(1),(2),(3),(4),(5),(6)	一般三角形
2	【0,1,2】	(7)	
3	【1,0,2】	(8)	
4	【1,2,0】	(9)	不能构成三角形
5	【1,2,3】	(10)	
6	【1,3,2】	(11)	
7	【3,1,2】	(12)	
8	【3,3,4】	(1),(2),(3),(4),(5),(6),(13)	
9	【3,4,4】	(1),(2),(3),(4),(5),(6),(14)	等腰三角形
10	【3,4,3】	(1),(2),(3),(4),(5),(6),(15)	
11	【3,4,5】	(1),(2),(3),(4),(5),(6),(16)	非等腰三角形
12	【3,3,3】	(1),(2),(3),(4),(5),(6),(17)	等边三角形
13	【3,4,4】	(1),(2),(3),(4),(5),(6),(14),(18)	
14	【3,4,3】	(1),(2),(3),(4),(5),(6),(15),(19)	非等边三角形
15	【3,3,4】	(1),(2),(3),(4),(5),(6),(13),(20)	

6.2　边界值法

由测试工作的经验得知,大量的错误是发生在输入或输出范围的边界上,而不是在输入范围的内部。因此针对各种边界情况设计测试用例,可以查出更多的错误。

边界值分析是一种补充等价划分的测试用例设计技术,它不是选择等价类的任意元素,而是选择等价类边界的测试用例。实践证明为检验边界附近的处理专门设计测试用例,常常取得良好的测试效果。

1. 边界值设计原则

对边界值设计测试用例,应遵循以下几条原则。

(1) 如果输入条件规定了值的范围,则应取刚达到这个范围的边界的值,以及刚刚超越这个范围边界的值作为测试输入数据。

(2) 如果输入条件规定了值的个数,则用最大个数、最小个数、比最小个数少一、比最大个数多一的数作为测试数据。

(3) 根据规格说明的每个输出条件,应用前面的原则(1)。

(4) 根据规格说明的每个输出条件,应用前面的原则(2)。

(5) 如果程序的规格说明给出的输入域或输出域是有序集合,则应选取集合的第一个元素和最后一个元素作为测试用例。

(6) 如果程序中使用了一个内部数据结构,则应当选择这个内部数据结构的边界上的值作为测试用例。

（7）分析规格说明，找出其他可能的边界条件。

2．标准边界值分析

Min　min＋　nom　max－　max

3．健壮边界值分析

Min－（Min　min＋　nom　max－　max）　Max＋

4．边界值分析的例子

$0 \leqslant x \leqslant 100$

$0 < x < 100$

5．其他一些边界条件

另一种看起来很明显的软件缺陷来源是当软件要求输入时（比如在文本框中），不是没有输入正确的信息，而是根本没有输入任何内容，只是按下 Enter 键。这种情况在产品说明书中常常忽视，程序员也可能经常遗忘，但是在实际使用中却时有发生。程序员总会习惯性地认为用户要么输入信息，不管是看起来合法的或非法的信息；要不就会单击 Cancel 按钮放弃输入，如果没有对空值进行好的处理，恐怕程序员自己都不知道程序会引向何方。

正确的软件通常应该将输入内容默认为合法边界内的最小值或者合法区间内某个合理值，否则返回错误提示信息。因为这些值通常在软件中进行特殊处理，所以不要把它们与合法情况和非法情况混在一起，而要建立单独的等价区间。

请大家分析以下情况：

一个密码框，要求输入 1～6 个数字组成的密码。注意，管理员密码默认为 admin。

请运用等价类划分和边界值法分析测试数据。

6.3　决策表法

在一些数据处理问题中，某些操作是否实施依赖于多个逻辑条件的取值，即在这些逻辑条件取值的组合所构成的多种情况下，分别执行不同的操作。处理这类问题的一个非常有力的分析和表达工具是决策表。

早在程序设计发展的初期，决策表就已被当作编写程序的辅助工具使用。由于它可以把复杂的逻辑关系和多种条件组合的情况表达得既明确又得体，因而给编写者、检查者和读者均带来很大方便。

例 2　在翻开一本技术书的几页目录后，读者看到表 6-4"本书阅读指南"。表的内容给读者指明了在读书过程中可能遇到的种种情况，以及作者针对各种情况给读者的建议。表中列举了读者读书时可能遇到的三个问题。若读者的回答是肯定的，标以字母 Y；若回答是否定的，标以字母 N。三个判定条件，其取值的组合共有 8 种情况。该表为读者提供了 4 条建议，但并不需要每种情况都施行。这里把要实施的建议在相应栏内标以 X，其他建议相应的栏内什么也不标。

表 6-4　本书阅读指南

序　号		1	2	3	4	5	6	7	8
问题	你觉得疲倦吗？	Y	Y	Y	Y	N	N	N	N
	你对内容感兴趣吗？	Y	Y	N	N	Y	Y	N	N
	书中的内容使你糊涂吗？	Y	N	Y	N	Y	N	Y	N
建议	请回到本章开头重读	X				X			
	继续读下去		X				X		
	跳到下一章去读							X	X
	停止阅读，请休息			X	X				

在所有的黑盒测试方法中，基于决策表（也称判定表）的测试是最为严格、最具有逻辑性的测试方法。决策表是分析和表达多个逻辑条件下执行不同操作情况的工具。由于决策表可以把复杂的逻辑关系和多种条件组合的情况表达得既具体又明确，在程序设计发展的初期，决策表就已被当作编写程序的辅助工具了。

决策表通常由四个部分组成，如表 6-5 所示。

（1）条件桩：列出了问题的所有条件，通常认为列出的条件的先后次序无关紧要。

（2）动作桩：列出了问题规定的可能采取的操作，这些操作的排列顺序没有约束。

（3）条件项：针对条件桩给出的条件列出所有可能的取值。

（4）动作项：与条件项紧密相关，列出在条件项的各组取值情况下应该采取的动作。

表 6-5　决策表

条件桩	条件项
动作桩	动作项

任何一个条件组合的特定取值及其相应要执行的操作称为一条规则，在决策表中贯穿条件项和动作项的一列就是一条规则。显然，决策表中列出多少组条件取值，也就有多少条规则，即条件项和动作项有多少列。

根据软件规格说明，建立决策表的步骤如下。

（1）确定规则的个数。假如有 n 个条件，每个条件有两个取值，故有 2^n 种规则。

（2）列出所有的条件桩和动作桩。

（3）填入条件项。

（4）填入动作项，得到初始决策表。

（5）化简。合并相似规则（相同动作）。

化简工作是以合并相似规则为目标的。

若表中有两条或多条规则具有相同的动作，并且其条件项之间存在着极为相似的关系，则可设法合并。

例 3 化简、合并相似规则,如图 6-1 所示,化简后判定表如表 6-6 所示。

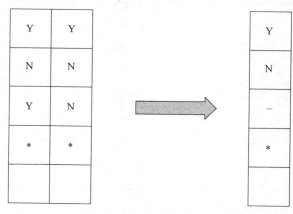

图 6-1 化简规则

表 6-6 化简后的本书阅读指南判定表

	序 号	1	2	3	4
问题	你觉得疲倦吗?	—	—	Y	N
	你对内容感兴趣吗?	Y	Y	N	N
	书中的内容使你糊涂吗?	Y	N	—	—
建议	请回到本章开头重读	X			
	继续读下去		X		
	跳到下一章去读				X
	停止阅读,请休息			X	

以下列问题为例给出构造决策表的具体过程。

问题要求:"……对功率大于 50 马力的机器、维修记录不全且已运行 10 年以上的机器,应给予优先的维修处理……"这里假定"维修记录不全"和"优先维修处理"均已在别处有更严格的定义。

(1) 确定规则的个数。有 3 个条件,8 种规则。

(2) 列出所有的条件桩和动作桩。

(3) 填入条件项。

(4) 填入动作项。得到初始判定表 6-7。

(5) 简化判定表,如表 6-8 所示。

表 6-7 初始判定表

	序 号	1	2	3	4	5	6	7	8
条件	功率大于 50 马力吗?	Y	Y	Y	Y	N	N	N	N
	维修记录不全吗?	Y	Y	N	N	Y	Y	N	N
	运行超过 10 年吗?	Y	N	Y	N	Y	N	Y	N
动作	进行优先维修	X	X	X	X	X			
	做其他处理						X	X	X

表 6-8　简化判定表

	序　号	1	2	3	4
条件	功率大于 50 马力吗？	Y	N	N	N
	维修记录不全吗？	—	Y	Y	N
	运行超过了 10 年吗？	—	Y	N	—
动作	进行优先维修	X	X		
	做其他处理			X	X

每种测试方法都有适用的范围,决策表法适用于下列情况。

（1）规格说明以决策表形式给出,或很容易转换成决策表。

（2）条件的排列顺序不会也不应影响执行哪些操作。

（3）规则的排列顺序不会也不应影响执行哪些操作。

（4）每当某一规则的条件已经满足,并确定要执行的操作后,不必检验别的规则。

（5）如果某一规则得到满足要执行多个操作,这些操作的执行顺序无关紧要。

决策表最突出的优点是,能够将复杂的问题按照各种可能的情况全部列举出来,十分简明并避免遗漏。因此,利用决策表能够设计出完整的测试用例集合。运用决策表设计测试用例,可以将条件理解为输入,将动作理解为输出。

6.4　因果图法

等价类划分方法和边界值分析方法着重考虑输入条件,而不考虑输入条件的各种组合,也不考虑输入条件之间的相互制约的关系,但有时一些具体问题中的输入之间存在着相互依赖的关系。

如果输入之间有关系,我们在测试时必须考虑输入条件的各种组合,那么可以考虑使用一种适合于描述对于多种条件的组合,相应产生多个动作的形式来设计测试用例,这就需要利用因果图。

因果图方法最终生成的就是判定表。它适合于检查程序输入条件的各种组合情况。

使用因果图法设计测试用例时,首先从程序规格说明书的描述中,找出因(输入条件)和果(输出结果或者程序状态的改变),然后通过因果图转换为判定表,最后为判定表中的每一列设计一个测试用例。

1. 因果图中出现的基本符号

通常在因果图中用 C_i 表示原因,用 E_i 表示结果,各节点表示状态,可取值“0”或“1”。“0”表示某状态不出现,“1”表示某状态出现。

因果图基本符号如图 6-2 所示,具体说明如下。

恒等：若 C_1 为 1,则 E_1 也为 1,否则 E_1 为 0。

非：若 C_1 是 1,则 E_1 为 0,否则 E_1 是 1。

或：若 C_1 或 C_2 或 C_3 是 1,则 E_1 是 1,若三者都不为 1,则 E_1 为 0。

与：若 C_1 和 C_2 都是 1,则 E_1 为 1,否则若有其中一个不为 1,则 E_1 为 0。

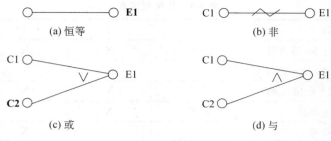

图 6-2　因果图基本符号

实际问题中,输入状态之间可能存在某些依赖关系,这种依赖关系被称为"约束"。在因果图中使用特定的符号来表示这些约束关系。

(1) E 约束(异)(图 6-3):a 和 b 最多有一个可能为 1,不能同时为 1。

(2) I 约束(或)(图 6-4):a、b 和 c 中至少有一个必须为 1,不能同时为 0。

(3) O 约束(唯一)(图 6-5):a 和 b 必须有一个且仅有一个为 1。

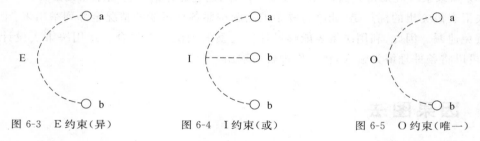

图 6-3　E 约束(异)　　　　　图 6-4　I 约束(或)　　　　　图 6-5　O 约束(唯一)

(4) R 约束(要求)(图 6-6):a 是 1 时,b 必须是 1。即 a 为 1 时,b 不能为 0。

(5) M 约束(图 6-7):对输出条件的约束,若结果 a 为 1,则结果 b 必须为 0。

图 6-6　R 约束(要求)　　　　　　图 6-7　M 约束

2. 用因果图生成测试用例的基本步骤

(1) 分析软件规格说明描述中,哪些是原因(即输入条件或输入条件的等价类),哪些是结果(即输出条件),并给每个原因和结果赋予一个标识符。

(2) 分析软件规格说明描述中的语义,找出原因与结果之间,原因与原因之间对应的是什么关系?根据这些关系,画出因果图。

(3) 由于语法或环境限制,有些原因与原因之间,原因与结果之间的组合情况不可能出现。为表明这些特殊情况,在因果图上用一些记号标明约束或限制条件。

(4) 把因果图转换成判定表。

(5) 把判定表的每一列拿出来作为依据,设计测试用例。

例如,有一个处理单价为 5 角钱的饮料自动售货机软件测试用例的设计。其规格说明如下:

若投入 5 角钱或 1 元钱的硬币,按下"橙汁"或"啤酒"的按钮,则相应的饮料就送出来。若售货机没有零钱找,则一个显示"零钱找完"的红灯亮,这时投入 1 元硬币并按下按钮后,饮料不送出来而且 1 元硬币也退出来;若有零钱找,则显示"零钱找完"的红灯灭,在送出饮料的同时退还 5 角硬币。

(1) 分析这一段说明,列出原因和结果。

输入条件:

① 售货机有零钱找;

② 投入 1 元硬币;

③ 投入 5 角硬币;

④ 按下"橙汁"按钮;

⑤ 按下"啤酒"按钮。

建立中间节点,表示处理中间状态:

⑪ 投入 1 元硬币且按下"饮料"按钮;

⑫ 按下"橙汁"或"啤酒"按钮;

⑬ 应当找 5 角零钱并且售货机有零钱可以找;

⑭ 钱已付清。

结果:

㉑ 售货机"零钱找完"灯亮;

㉒ 退还 1 元硬币;

㉓ 退还 5 角硬币;

㉔ 送出"橙汁"饮料;

㉕ 送出"啤酒"饮料。

(2) 因果图如图 6-8 所示。所有原因节点列在左边,所有结果节点列在右边。

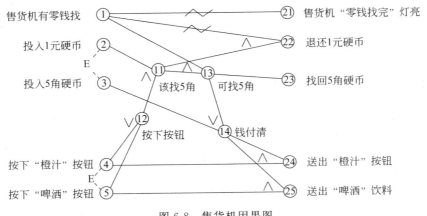

图 6-8 售货机因果图

（3）由于②与③、④与⑤不能同时发生，分别加上约束条件 E。

（4）因果图转换成判定表，如表 6-9 所示。

表 6-9　判定表

序号		1	2	3	4	5	6	7	8	9	10	11	12	13	14	15	16
输入条件	1	1	1	1	1	1	1	1	1	1	1	1	1	1	1	1	1
	2	1	1	1	1	1	1	1	1	0	0	0	0	0	0	0	0
	3	1	1	1	1	0	0	0	0	1	1	1	1	0	0	0	0
	4	1	1	0	0	1	1	0	0	1	1	0	0	1	1	0	0
	5	1	0	1	0	1	0	1	0	1	0	1	0	1	0	1	0
中间状态	11						1	1	0		0	0	0		0	0	0
	12						1	1	0		1	1	0		1	1	0
	13						1	1	0		0	0	0		0	0	0
	14						1	1	0		1	1	1		0	0	0
结果	21						0	0	0		1	1	1		0	0	0
	22						0	0	0		0	0	0		0	0	0
	23						1	1	0		0	0	0		0	0	0
	24						1	0	0		1	0	0		0	0	0
	25						0	0	0		0	1	0		0	0	0
测试用例							Y	Y	Y		Y	Y	Y		Y	Y	

序号		17	18	19	20	21	22	23	24	25	26	27	28	29	30	31	32
输入条件	1	0	0	0	0	0	0	0	0	0	0	0	0	0	0	0	0
	2	1	1	1	1	1	1	1	1	0	0	0	0	0	0	0	0
	3	1	1	1	1	0	0	0	0	1	1	1	1	0	0	0	0
	4	1	1	0	0	1	1	0	0	1	1	0	0	1	1	0	0
	5	1	0	1	0	1	0	1	0	1	0	1	0	1	0	1	0
中间状态	11						1	1	0		0	0	0		0	0	0
	12						1	1	0		1	1	0		1	1	0
	13						0	0	0		0	0	0		0	0	0
	14						0	0	0		1	1	1		0	0	0
结果	21						1	1	1		1	1	1		1	1	1
	22						1	1	0		0	0	0		0	0	0
	23						0	0	0		0	0	0		0	0	0
	24						0	0	0		1	0	0		0	0	0
	25						0	0	0		0	1	0		0	0	0
测试用例							Y	Y	Y		Y	Y	Y		Y	Y	

（5）设计测试用例，如表 6-10 所示。

表 6-10　测试用例

编号	输入条件①②③④⑤组合	期望输出
Test1	11010	23,24
Test2	11001	23,25
Test3	11000	…
Test4	10110	24
Test5	10101	25
Test6	10100	…
Test7	10010	…
Test8	10001	…
Test9	01010	21,22
Test10	01001	21,22
Test11	01000	21
Test12	00110	21,24
Test13	00101	21,25
Test14	00100	21
Test15	00010	21
Test16	00001	21

6.5　场景法

现在的软件几乎都是用事件触发来控制流程的，事件触发时的情景便形成了场景，而同一事件不同的触发顺序和处理结果就形成事件流。这种在软件设计方面的思想也可引入到软件测试中，可以比较生动地描绘出事件触发时的情景，有利于测试设计者设计测试用例，同时使测试用例更容易理解和执行。

图 6-9 经过用例的每条路径都用基本流和备选流来表示，直黑线表示基本流，是经过用例的最简单的路径。一个备选流可能从基本流开始，在某个特定条件下执行，然后重新加入基本流中（如备选流 1 和备选流 3）；也可能起源于另一个备选流（如备选流 2），或者终止用例而不再重新加入到某个流（如备选流 2 和备选流 4）。

1. 基本流和备选流

按照图 6-9 中每个经过用例的路径，可以确定以下不同的用例场景。

（1）场景 1：基本流；

（2）场景 2：基本流、备选流 1；

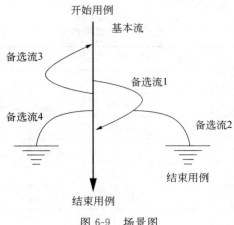

图 6-9　场景图

（3）场景 3：基本流、备选流 1、备选流 2；

（4）场景 4：基本流、备选流 3；

（5）场景 5：基本流、备选流 3、备选流 1；

（6）场景 6：基本流、备选流 3、备选流 1、备选流 2；

（7）场景 7：基本流、备选流 4；

（8）场景 8：基本流、备选流 3、备选流 4。

注意：为方便起见，场景 5、场景 6 和场景 8 只考虑了备选流 3 循环执行一次的情况。

2．ATM 例子

（1）例子描述

ATM 例子的示意图如图 6-10 所示。

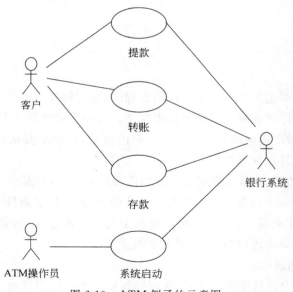

图 6-10　ATM 例子的示意图

基本流和备选流见表 6-11。

表 6-11　基本流与备选流

事　件	结　果
基本流	本用例的开端是 ATM 处于准备就绪状态
	准备提款：客户将银行卡插入 ATM 机
	验证银行卡：ATM 机从银行卡的磁条中读取账户代码，并检查它是否属于可以接收的银行卡
	输入 PIN：验证账户代码和 PIN 以确定该账户是否有效以及所输入的 PIN 对该账户来说是否正确。对于此事件流，账户是有效的而且 PIN 对此账户来说正确无误
	ATM 选项：ATM 显示在本机上可用的各种选项。在此事件流中，银行客户通常选择"提款"
	输入金额：要从 ATM 中提取的金额。对于此事件流，客户需选择预设的金额（100 元、500 元、2000 元）
	授权：ATM 通过将卡 ID、PIN、金额以及账户信息作为一笔交易发送给银行系统来启动验证过程。对于此事件流，银行系统处于联机状态
	而且对授权请求给予答复，批准完成提款过程，并且据此更新账户余额
	出钞：提供现金
	返回银行卡：银行卡被返还
	凭条：打印凭条并提供给客户。ATM 还相应地更新内部记录
	用例结束时 ATM 又回到准备就绪状态
	使用用例场景设计测试用例
备选流 1：银行卡无效	在基本流步骤 2 中：验证银行卡，如果卡是无效的，则卡被退回，同时会通知相关消息
备选流 2：ATM 内没有现金	在基本流步骤 5 中：ATM 选项，如果 ATM 内没有现金，则"提款"选项将提示无法取款的相关消息
备选流 3：ATM 内现金不足	在基本流步骤 6 中：输入金额，如果 ATM 机内金额少于请求提取的金额，则将显示一则适当的消息，并且在步骤 6 中输入金额处重新加入基本流
备选流 4：PIN 有误	在基本流步骤 4 中：验证账户和 PIN，客户有三次机会输入 PIN
	如果 PIN 输入有误，ATM 将显示适当的消息；如果还存在输入机会，则此事件流在步骤 3 中输入 PIN 处重新加入基本流
	如果最后一次尝试输入的 PIN 码仍然错误，则该卡将被 ATM 机保留，同时 ATM 返回到准备就绪状态，本用例终止
备选流 5：账户不存在	在基本流步骤 4 中：验证账户和 PIN，如果银行系统返回的代码表明找不到该账户或禁止从该账户中提款，则 ATM 显示适当的消息并且在步骤 9 中返回银行卡处重新加入基本流
备选流 6：账面金额不足	在基本流步骤 7 的授权中，银行系统返回代码表明账户余额少于在基本流步骤 6 中输入金额内输入的金额，则 ATM 显示适当的消息并且在步骤 6 中输入金额处重新加入基本流

续表

事　件	结　果
备选流 7：达到每日最大的提款金额	在基本流步骤 7 的授权中，银行系统返回的代码表明包括本提款请求在内，客户已经或将超过在 24 小时内允许提取的最多金额，则 ATM 显示适当的消息并在步骤 6 中输入金额上重新加入基本流
备选流 x：记录错误	如果在基本流步骤 10 的收据中，记录无法更新，则 ATM 进入"安全模式"，在此模式下所有功能都将暂停使用。同时向银行系统发送一条适当的警报信息表明 ATM 已经暂停工作
备选流 y：退出	客户可随时决定终止交易(退出)。交易终止，银行卡随之退出
备选流 z："翘起"	ATM 包含大量的传感器，用以监控各种功能，如电源检测器、不同的门和出入口处的测压器以及动作检测器等。在任一时刻，如果某个传感器被激活，则警报信号将发送给警方而且 ATM 进入"安全模式"，在此模式下所有功能都暂停使用，直到采取适当的重启/重新初始化的措施

（2）场景设计

场景 1：成功的提款、基本流；

场景 2：ATM 内没有现金、基本流、备选流 2；

场景 3：ATM 内现金不足、基本流、备选流 3；

场景 4：PIN 有误(还有输入机会)、基本流、备选流 4；

场景 5：PIN 有误(不再有输入机会)、基本流、备选流 4；

场景 6：账户不存在/账户类型有误、基本流、备选流 5；

场景 7：账户余额不足、基本流、备选流 6。

（3）用例设计

注意：为方便起见，备选流 3 和备选流 6（场景 3 和场景 7）内的循环以及循环组合未纳入表 6-12。

对于这 7 个场景中的每一个场景都需要确定测试用例。可以采用矩阵或决策表来确定和管理测试用例。下面显示了一种通用格式，其中各行代表一个测试用例，而各列则代表测试用例的信息。本示例中，对于每个测试用例，存在一个测试用例 ID、条件（或说明）、测试用例中涉及的所有数据元素（作为输入或已经存在于数据库中）以及预期结果。

通过从确定执行用例场景所需的数据元素入手构建矩阵。然后，对于每个场景，至少要确定包含执行场景所需的适当条件的测试用例。例如，在下面的矩阵中，V(有效)用于表明这个条件必须是 VALID(有效的)才可执行基本流，而 I(无效)用于表明这种条件下将激活所需备选流。表 6-12 中使用的"N/A"(不适用)表明这个条件不适用于测试用例。

表 6-12　测试用例

测试用例 ID	场景/条件	PIN	账号	输入的金额（或选择的金额）	账面金额	ATM 内的金额	预　期　结　果
CW1	场景 1：成功提款	V	V	V	V	V	成功提款
CW2	场景 2：ATM 内没有现金	V	V	V	V	V	提款选项不可用，用例结束

续表

测试用例 ID	场景/条件	PIN	账号	输入的金额 （或选择的金额）	账面金额	ATM 内的金额	预 期 结 果
CW3	场景 3：ATM 内现金不足	V	V	V	V	I	警告信息，返回基本流步骤 6，输入金额
CW4	场景 4：PIN 有误（还有不止一次输入机会）	I	V	N/A	V	I	警告信息，返回基本流步骤 4，输入 PIN
CW5	场景 4：PIN 有误（还有一次输入机会）	I	V	N/A	V	V	警告信息，返回基本流步骤 4，输入 PIN
CW6	场景 4：PIN 有误（不再有输入机会）	I	V	N/A	V	V	警告信息，卡予保留，用例结束

（4）数据设计

一旦确定了所有的测试用例，则应对这些用例进行复审和验证以确保其准确且适度，并取消多余或等效的测试用例。

测试用例一经认可，就可以确定实际数据值（在测试用例实施矩阵中）并且设定测试数据，如表 6-13 所示。

表 6-13　数据设计

测试用例 ID	场景/条件	PIN	账号	输入的金额 或选择的金额	账面金额	ATM 内的金额	预 期 结 果
CW1	场景 1：成功提款	4987	809-498	50.00	500.00	2000	成功提款。账户余额被更新为 450.00
CW2	场景 2：ATM 内没有现金	4987	809-498	100.00	500.00	0.00	提款选项不可用，用例结果
CW3	场景 3：ATM 内现金不足	4987	809-498	100.00	500.00	70.00	警告消息，返回基本流步骤 6，即输入金额
CW4	场景 4：PIN 有误（还有不止一次输入机会）	4987	809-498	N/A	500.00	2000	警告消息，返回基本流步骤 4，即输入 PIN
CW5	场景 4：PIN 有误（还有一次输入机会）	4987	809-498	N/A	500.00	2000	警告消息，返回基本流步骤 4，即输入 PIN
CW6	场景 4：PIN 有误（不再有输入机会）	4987	809-498	N/A	500.00	2000	警告消息，卡予以保留，用例结束

本章小结

为了最大限度地减少测试遗留的缺陷，同时也为了最大限度地发现存在的缺陷，在测试实施之前，测试工程师必须确定将要采用的黑盒测试策略和方法，并以此为依据制定详细的测试方案。通常,一个好的测试策略和测试方法必将给整个测试工作带来事半功倍的效果。

如何才能确定好的黑盒测试策略和测试方法呢? 通常,在确定黑盒测试方法时,应该遵循以下原则。

(1) 根据程序的重要性和一旦发生故障将造成的损失程度来确定测试等级和测试重点。

(2) 认真选择测试策略,以便能尽可能少地使用测试用例,发现尽可能多的程序错误。因为一次完整的软件测试过后,如果程序中遗留的错误过多并且严重,则表明该次测试是不足的,而测试不足则意味着让用户承担隐藏错误带来的危险,但测试过度又会带来资源的浪费。因此,测试需要找到一个平衡点。

以下是各种黑盒测试方法选择的综合策略,可在实际应用过程中参考。

首先进行等价类划分,包括输入条件和输出条件的等价划分,将无限测试变成有限测试,这是减少工作量和提高测试效率的最有效方法。

在任何情况下都必须使用边界值分析方法。经验表明用这种方法设计出测试用例发现程序错误的能力最强。

对照程序逻辑,检查已设计出的测试用例的逻辑覆盖程度。如果没有达到要求的覆盖标准,应当再补充足够的测试用例。

如果程序的功能说明中含有输入条件的组合情况,则应在一开始就选用因果图法。

黑盒测试是一种确认技术,目的是确认"设计的系统是否正确"。黑盒测试是以用户的观点,从输入数据与输出数据的对应关系,也就是根据程序外部特性进行的测试,而不考虑内部结构及工作情况;黑盒测试技术注重于软件的信息域(范围),通过划分程序的输入和输出域来确定测试用例;若外部特性本身存在问题或规格说明的规定有误,则应用黑盒测试方法是不能发现问题的。

黑盒测试的优点如下:

(1) 适用于各个测试阶段;

(2) 从产品功能角度进行测试;

(3) 容易入手生成测试数据。

黑盒测试的缺点如下:

(1) 某些代码得不到测试;

(2) 如果规则说明有误,无法发现;

(3) 不易进行充分测试。

练习题

一、判断题

1. 等价类法和边界值着重考虑输入条件,而不考虑输入条件的各种组合,也不考虑输入条件之间的相互制约关系。　　　　　　　　　　　　　　　　　　　　(　　)

2. 在实际测试中,边界值分析法和等价类划分法经常结合使用。　　　　　(　　)

3. 因果图法是建立在决策表法基础上的一种白盒测试方法。　　　　　　(　　)

4．黑盒测试法又叫功能测试或数据驱动测试。　　　　　　　　　　　　（　　）

二、选择题

1．黑盒法是根据程序的（　　）来设计测试用例的。

　　A．应用范围　　　　　B．内部逻辑　　　　　C．功能　　　　　　　D．输入数据

2．黑盒测试用例设计方法包括（　　）等。

　　A．等价类划分法、因果图法、正交试验设计法、功能图法、路径覆盖法、语句覆盖法

　　B．等价类划分法、边界值分析法、判定表驱动法、场景法、错误推测法、因果图法、正交试验设计法、功能图法

　　C．因果图法、边界值分析法、判定表驱动法、场景法、Z 路径覆盖法

　　D．场景法、错误推测法、因果图法、正交试验设计法、功能图法、域测试法

3．（　　）是一种黑盒测试方法，它是把程序的输入域划分成若干部分，然后从每个部分中选取少数代表性数据当作测试用例。

　　A．等价类划分法　　　B．边界值分析法　　　C．因果图法　　　　　D．场景法

三、设计题

1．分析中国象棋中走马的实际情况。

2．有一个在线购物的实例，用户进入一个在线购物网站进行购物，选购物品后，进行在线购买，这时需要使用账号登录。登录成功后，进行付钱交易。交易成功后，生成订购单，完成整个购物过程。

3．下面是某股票公司的佣金政策，根据决策表方法设计具体测试用例。

如果一次销售额少于 1000 元，那么基础佣金将是销售额的 7%；如果销售额等于或多于 1000 元，但少于 10 000 元，那么基础佣金将是销售额的 5%，外加 50 元；如果销售额等于或多于 10 000 元，那么基础佣金将是销售额的 4%，外加 150 元。另外销售单价和销售的份数对佣金也有影响。如果单价低于 15 元/份，则外加基础佣金的 5%，此外若不是整百的份数，再外加 4% 的基础佣金；若单价在 15 元/份以上，但低于 25 元/份，则加 2% 的基础佣金，若不是整百的份数，再外加 4% 的基础佣金；若单价在 25 元/份以上，并且不是整百的份数，则外加 4% 的基础佣金。

第 7 章　面向对象的软件测试

本章目标

- 了解面向对象的特点
- 熟悉面向对象的软件测试基本概念
- 掌握面向对象软件测试内容
- 掌握面向对象软件测试模型及方法
- 了解面向对象软件测试工具

本章单词

object oriented：_____　　OOA：_____

OOD：_____　　OOP：_____

面向对象方法(object-oriented method)是一种把面向对象的思想应用于软件开发过程中,指导开发活动的系统方法,是建立在"对象"概念基础上的方法学。面向对象方法作为一种新型的独具优越性的新方法正在逐渐代替面向过程开发方法,被看成是解决软件危机的新兴技术。面向对象技术产生更好的系统结构,更规范的编程风格,极大地优化了数据使用的安全性,提高了程序代码的重用率,一些人就此认为面向对象技术开发出的程序无须进行测试。

7.1　面向对象的特点

我们生活在一个充满对象的世界里,每个对象有一定的属性,把属性相同的对象进行归纳就形成类。如家具就可以看作类,其主要的属性有价格、尺寸、重量、位置和颜色等。无论我们谈论桌子、椅子还是沙发、衣橱,这些属性总是可用的,因为它们都是家具而继承了为类定义的所有属性。实际上,计算机软件所创建的面向对象思想同样来源于生活。

除了属性之外,每个对象可以被一系列不同的方式操纵,它可以被买卖、移动、修改(如漆上不同的颜色)。这些操作或方法将改变对象的一个或多个属性。这样所有对类的合法操作可以和对象的定义联系在一起,并且被类的所有实例继承。我们可以用下面这个等式来描述什么是面向对象:

面向对象(object-oriented)＝对象＋分类＋继承＋通信

面向对象技术是目前流行的系统设计开发技术,它包括面向对象分析和面向对象程序设计。面向对象程序设计技术的提出,主要是为了解决传统程序设计方法——结构化程序设计所不能解决的代码重用问题。

面向对象的编程方法具有如下四个基本特征。

1. 抽象

抽象就是忽略一个主题中与当前目标无关的那些方面,以便更充分地注意与当前目标有关的方面。抽象并不打算了解全部问题,而只是选择其中的一部分,暂时不用部分细节。比如,我们要设计一个学生成绩管理系统,考查学生这个对象时,我们只关心他的班级、学号、成绩等,而不用去关心他的身高、体重这些信息。抽象包括两个方面,一是过程抽象,二是数据抽象。过程抽象是指任何一个明确定义功能的操作都可被使用者看作单个的实体看待,尽管这个操作实际上可能由一系列更低级的操作来完成。数据抽象定义了数据类型和施加于该类型对象上的操作,并限定了对象的值只能通过使用这些操作修改和观察。

2. 继承

继承是一种联结类的层次模型,并且允许和鼓励类的重用,它提供了一种明确表述共性的方法。对象的一个新类可以从现有的类中派生,这个过程称为类继承。新类继承了原始类的特性,新类称为原始类的派生类(子类),而原始类称为新类的基类(父类)。派生类可以从它的基类那里继承方法和实例变量,并且类可以修改或增加新的方法使之更适合特殊的需要。这也体现了大自然中一般与特殊的关系。继承性很好地解决了软件的可重用性问题。比如,所有的 Windows 应用程序都有一个窗口,它们可以看作都是从一个窗口类派生出来的。但是有的应用程序用于文字处理,有的应用程序用于绘图,这是由于派生出了不同的子类,各个子类添加了不同的特性。

3. 封装

封装是面向对象的特征之一,是对象和类概念的主要特性。封装是把过程和数据包围起来,对数据的访问只能通过已定义的界面。面向对象计算始于这个基本概念,即现实世界可以被描绘成一系列完全自治、封装的对象,这些对象通过一个受保护的接口访问其他对象。一旦定义了一个对象的特性,则有必要决定这些特性的可见性,即哪些特性对外部世界是可见的,哪些特性用于表示内部状态。在这个阶段定义对象的接口。通常,应禁止直接访问一个对象的实际表示,而应通过操作接口访问对象,这称为信息隐藏。事实上,信息隐藏是用户对封装性的认识,封装则为信息隐藏提供支持。封装保证了模块具有较好的独立性,使得程序维护修改较为容易。对应用程序的修改仅限于类的内部,因而可以将应用程序修改带来的影响减少到最低限度。

4. 多态性

多态性是指允许不同类的对象对同一消息做出响应。比如同样的加法,把两个时间加在一起和把两个整数加在一起肯定完全不同。又比如,同样的编辑操作,在字处理程序和绘图程序中有不同的效果。多态性包括参数化多态性和包含多态性。多态性语言具有灵活、抽象、行为共享、代码共享的优势,很好地解决了应用程序函数同名问题。

面向对象程序设计的优点如下。

(1)可重用性。从一开始对象的产生就是为了重复利用,完成的对象将在今后的程序开发中被部分或全部地重复利用。

(2)可靠性。由于面向对象的应用程序包含了通过测试的标准部分,因此更加可靠。由于大量代码来源于成熟可靠的类库,因而新开发程序的新增代码明显减少,这是程序可靠性提高的一个重要原因。

(3)连续性。具有面向对象特点的 C++ 与 C 语言有很大的兼容性,C 程序员可以比较容易地过渡到 C++ 语言开发工作。

7.2 面向对象的开发对软件测试的影响

从编程语言看,面向对象编程特点对测试产生了如下影响。

(1)封装把数据及对数据的操作封装在一起,限制了对象属性对外的透明性和外界对它的操作权限,在某种程度上避免了对数据的非法操作,有效防止了故障的扩散;但同时,封装机制也给测试数据的生成、测试路径的选取以及测试结构的分析带来了困难。

(2)继承实现了共享父类中定义的数据和操作,同时也可以定义新的特征,子类是在新的环境中存在,所以父类的正确性不能保证子类的正确性,继承使代码的重用率得到了提高,但同时也使故障的传播概率增加。

(3)多态和动态绑定增加了系统运行中可能的执行路径,而且给面向对象软件带来了严重的不确定性,给测试覆盖率的活动带来新的困难。

另外,面向对象的开发过程以及分析和设计方法也对测试产生了影响。

(1)分析、设计和编码实现密切相关,分析模型可以映射为设计模型,设计模型又可以映射为代码。

（2）因此，分析阶段开始测试，提炼以后可用于设计阶段，设计阶段的测试提炼后又可用于实现阶段的测试。

7.3　面向对象的软件测试的基本概念

面向对象程序的结构不再是传统的功能模块结构，作为一个整体，原有集成测试所要求的逐步将开发的模块搭建在一起进行测试的方法已成为不可能。而且，面向对象软件抛弃了传统的开发模式，对每个开发阶段都有不同以往的要求和结果，已经不可能用功能细化的观点来检测面向对象分析和设计的结果。因此，传统的测试模型对面向对象软件已经不再适用。针对面向对象软件的开发特点，应该有一种新的测试模型。

传统测试模式与面向对象的测试模式的最主要的区别在于，面向对象的测试更关注对象而不是完成输入/输出的单一功能，这样的话测试可以在分析与设计阶段就先行介入，使得测试更好地配合软件生产过程并为之服务。与传统测试模式相比，面向对象测试的优点在于：更早地定义出测试用例；早期介入可以降低成本；尽早编写系统测试用例以便于开发人员与测试人员对系统需求的理解保持一致；面向对象的测试模式更注重于软件的实质。具体有如下不同。

（1）测试的对象不同：传统软件测试的对象是面向过程的软件，一般用结构化方法构建；面向对象测试的对象是面向对象软件，采用面向对象的概念和原则，用面向对象的方法构建。

（2）测试的基本单位不同：前者是模块；面向对象测试的基本单元是类和对象。

（3）测试的方法和策略不同：传统软件测试采用白盒测试、黑盒测试、路径覆盖等方法。

面向对象测试不仅吸纳了传统测试方法，也采用各种类测试等方法，而且集成测试和系统测试的方法和策略也很不相同。

现代的软件开发工程是将整个软件开发过程明确地划分为几个阶段，将复杂问题具体按阶段加以解决。这样，在软件的整个开发过程中，可以对每一阶段提出若干明确的监控点，作为各阶段目标实现的检验标准，从而提高开发过程的可见度和保证开发过程的正确性。实践证明软件的质量不仅是体现在程序的正确性上，它和编码以前所做的需求分析。软件设计也密切相关。这时，对错误的纠正往往不能通过可能会诱发更多错误的简单的修修补补，而必须追溯到软件开发的最初阶段。因此，为了保证软件的质量，应该着眼于整个软件生存期，特别是着眼于编码以前的各开发阶段的工作。于是，软件测试的概念和实施范围必须扩充，应该包括在整个开发各阶段的复查、评估和检测。由此，广义的软件测试实际是由确认、验证、测试三个方面组成。

（1）确认：是评估将要开发的软件产品是否是正确无误、可行和有价值的。比如，将要开发的软件是否会满足用户提出的要求，是否能在将来的实际使用环境中正确稳定地运行，是否存在隐患等。这里包含了对用户需求满足程度的评价。确认意味着确保一个待开发软件是正确无误的，是对软件开发构想的检测。

（2）验证：是检测软件开发的每个阶段、每个步骤的结果是否正确无误，是否与软件开发各阶段的要求或期望的结果相一致。验证意味着确保软件是会正确无误地实现软件的需求，开发过程是沿着正确的方向在进行。

（3）测试：与狭隘的测试概念统一。通常是经过单元测试、集成测试、系统测试三个环节。在整个软件生存期，确认、验证、测试分别有其侧重的阶段。确认主要体现在计划阶段，需求分析阶段，也会出现在测试阶段；验证主要体现在设计阶段和编码阶段；测试主要体现在编码阶段和测试阶段。事实上，确认、验证、测试是相辅相成的。确认无疑会产生验证和测试的标准，而验证和测试通常又会帮助完成一些确认，特别是在系统测试阶段。

7.4　面向对象的软件测试的内容

1．对象

对象是指包含了一组属性以及对这些属性的操作的封装体。对象是软件开发期间测试的直接目标。在程序运行时，对象被创建、修改、访问或删除，而在运行期间，对象的行为是否符合它的规格说明，该对象与和它相关的对象能否协同工作，这两方面都是面向对象软件测试所关注的焦点。从测试视角的角度，关于对象的关注点如下。

（1）对象的封装：封装使得已定义的对象容易识别，在系统中容易传递，也容易操纵。

（2）对象隐藏了信息：这使得对象信息的改变有时很难观察到，也加大了检查测试结果的难度。

（3）对象的状态：对象在生命期中总是处于某个状态的，对象状态的多变可能会导致不正常的行为。

（4）对象的生命周期：在对象生命周期的不同阶段，要从各个方面检测对象的状态是否符合其生命周期。例如过早地创建一个对象或过早地删除一个对象，都是造成软件故障的原因。

2．消息

消息是执行对象某个操作的一种请求。包含操作的名称、实参，当然接收者也可返回值给发送者。从测试视角的角度看，关于消息的观点概括如下。

（1）消息有发送者：发送者决定何时发送消息，并且可能做出错误的决定。

（2）消息有接收者：接收者可能接收到非预期的特定消息，可能会做出不正确反应。

（3）消息可能包含实参：参数能被接收者使用或修改，若传递的参数是对象，则对象在消息处理前和处理后，对象必须处于正确的状态，而且必须实现接收者所期望的接口。

3．接口

接口是行为声明的集合。从测试视角的角度看，关于接口的观点概括如下。

（1）接口封装了操作的说明，如果接口包含的行为和类的行为不相符，那么对这一接口的说明就不是令人满意的。

（2）接口不是孤立的，与其他的接口和类有一定的关系，一个接口可以指定一个行为的参数类型，使得实现该接口的类可被当作一个参数传递。

（3）当对一个操作进行说明时，可以使用保护性方法或约束性方法来定义发送者和接收者之间的接口。约束性方法强调前置条件也包含简单的后置条件,发送者必须保证前置条件得到满足,接收者就会响应在后置条件或类不变量中描述的请求。保护性方法强调的则是后置条件,请求的结果状态通常由一些返回值指示,返回值和每一个可能的结果联系在一起。

（4）从测试视角的角度,约束性方法简化了类的测试,但使得交互测试更加复杂,因为必须保证任何发送者都能满足前置条件。保护性方法使得类的测试复杂了(发送者必须知道所有可能的结果),交互测试也更复杂(必须保证产生了所有可能的输出,并且发送者能够获得这些输出)。

4. 类及类规范

类是具有相同属性和相同行为的对象的集合。类从规范和实现两个方面来描述对象。在类规范中,定义了类的每个对象能做什么;在类实现中,定义了类的每个对象如何做它们能做的事情。

类规范包括对每个操作的语义说明,包括前置条件、后置条件和不变量。前置条件是当操作执行之前应该满足的条件;后置条件是当操作执行结束之后必须保持的条件;不变量描述了在对象的生命周期中必须保持的条件类的实现描述了对象如何表现它的属性,如何执行操作。

类的实现描述了对象如何表现它的属性,如何执行操作。主要包括实例变量、方法集、构造函数和析构函数、私有操作集。类测试是面向对象测试过程中最重要的一个测试,在类测试过程中要保证测试那些具有代表性的操作。从测试视角的角度需要考虑如下几个方面。

（1）类的规范中包含用来构造实例的一些操作,这些操作也可能导致新实例不正确的初始化。

（2）类在定义自己的行为和属性时,也依赖于其他协作的类。例如,类的成员变量可能是其他类的实例,或者类中的方法的参数是其他类的实例。如果类定义中使用了包含不正确实现的其他类,就会使类发生错误。

（3）类的实现必须满足类本身的说明,但并不保证说明的正确性。

（4）类的实现也可能不支持所有要求的操作,或者执行一些错误的操作。

（5）类需要指定每个操作的前置条件,在发送消息之前,它也可能不提供检查前置条件的方法。

5. 继承

继承是类之间的联系,允许新类可以在一个已有的基础上进行定义。继承实现了共享父类中定义的数据和操作,同时也可以定义新的特征。子类是在新的环境中存在,所以父类的正确性不能保证子类的正确性,继承使代码的重用率得到了提高,但同时也使故障的传播概率增加。从测试视角的角度看,关于继承的观点概括如下。

（1）继承提供了一种机制,潜在的错误会从基类传递到其派生类,因此类测试中要尽早消除错误。

（2）子类继承了父类的说明和实现,因此可重复使用相同的测试方法。

（3）设计模型时,检查是否合理地使用了继承。使用继承实现代码的复用,可能会增加代码维护的难度。

6. 多态

多态是指同一个操作作用于不同的对象可以有不同的解释,产生不同的执行结果。与多态密切相关的一个概念就是动态绑定。动态绑定是指在程序运行过程中,当一个对象发送消息请求服务时,要根据接收对象的具体情况将请求的操作与实现的方法进行连接,即把这种连接推迟到运行时才进行。从测试视角的角度来看,关于多态的观点可以概括如下。

(1)多态允许通过增加类来扩展系统,而无须修改已有类。但在扩展中可能出现意料之外的交互关系。

(2)多态允许任何操作都能够包括类型不确定的参数,这就增加了应该测试的实参的种类。

(3)多态允许操作指定动态引用返回的响应。因为实际引用的类可能是不正确的,或者不是发送者所期望的。

7.5 面向对象的测试模型及方法

与传统测试模型类似,面向对象软件的测试遵循在软件开发各过程中不间断测试的思想,使开发阶段的测试与编码完成后的一系列测试融为一体。在开发的每一阶段进行不同级别、不同类型的测试,从而形成一条完整的测试链。根据面向对象的开发模型,结合传统的测试步骤的划分,形成了一种整个软件开发过程中不断进行测试的测试模型,使开发阶段的测试与编码完成后的单元测试、集成测试、系统测试成为一个整体。面向对象的开发模型突破了传统的瀑布模型,将开发分为面向对象分析(OOA),面向对象设计(OOD),和面向对象编程(OOP)三个阶段。分析阶段产生整个问题空间的抽象描述,在此基础上,进一步归纳出适用于面向对象编程语言的类和类结构,最后形成代码。由于面向对象的特点,采用这种开发模型能有效地将分析设计的文本或图表代码化,不断适应用户需求的变动。针对这种开发模型,结合传统测试步骤的划分,本文建议一种整个软件开发过程中不断测试的测试模型,使开发阶段的测试与编码完成后的单元测试、集成测试、系统测试成为一个整体。

测试模型如图 7-1 所示。

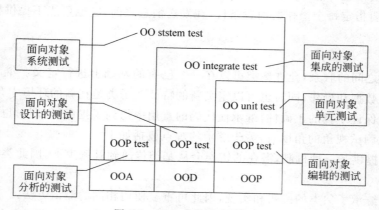

图 7-1　面向对象测试结构图

OOA test 和 OOD test 是对分析结果和设计结果的测试,主要是对分析设计产生的文本进行,是软件开发前期的关键性测试。OOP test 主要针对编程风格和程序代码实现进行测试,其主要的测试内容在面向对象单元测试和面向对象集成测试中体现。面向对象单元测试是对程序内部具体单一的功能模块的测试,如果程序是用 C++ 语言实现,主要就是对类成员函数的测试。面向对象单元测试是进行面向对象集成测试的基础。面向对象集成测试主要对系统内部的相互服务进行测试,如成员函数间的相互作用,类间的消息传递等。面向对象集成测试不但要基于面向对象单元测试,更要参见 OOD 或 OOD test 结果(详见后叙述)。面向对象系统测试是基于面向对象集成测试的最后阶段的测试,主要以用户需求为测试标准,需要借鉴 OOA 或 OOA test 结果。

尽管上述各阶段的测试构成一个相互作用的整体,但其测试的主体、方向和方法各有不同,且为叙述的方便,下面接下来将从 OOA、OOD、OOP、单元测试、集成测试、系统测试六个方面分别介绍对面向对象软件的测试。

1. 面向对象分析的测试(OOA test)

传统的面向过程分析是一个功能分解的过程,是把一个系统看成可以分解的功能的集合。这种传统的功能分解分析法的着眼点在于一个系统需要什么样的信息处理方法和过程,以过程的抽象来对待系统的需要。而面向对象分析(OOA)是"把 E-R 图和语义网络模型,即信息造型中的概念,与面向对象程序设计语言中的重要概念结合在一起而形成的分析方法",最后通常是得到问题空间的图表的形式描述。

OOA 直接映射问题空间,全面将问题空间中实现功能的现实抽象化。将问题空间中的实例抽象为对象(不同于 C++ 中的对象概念),用对象的结构反映问题空间的复杂实例和复杂关系,用属性和服务表示实例的特性和行为。对一个系统而言,与传统分析方法产生的结果相反,行为是相对稳定的,结构是相对不稳定的,这更充分反映了现实的特性。OOA 的结果是为后面阶段类的选定和实现,类层次结构的组织和实现提供平台。因此,OOA 对问题空间分析抽象的不完整,最终会影响软件的功能实现,导致软件开发后期需进行大量本来可以避免的修补工作;而一些冗余的对象或结构会影响类的选定、程序的整体结构会增加程序员不必要的工作量。因此,本文对 OOA 的测试重点在其完整性和冗余性。

尽管 OOA 的测试是一个不可分割的系统过程。为叙述的方便,鉴于 Coad 方法所提出的 OOA 实现步骤,对 OOA 阶段的测试划分为以下五个方面:

(1) 对认定的对象的测试;

(2) 对认定的结构的测试;

(3) 对认定的主题的测试;

(4) 对定义的属性和实例关联的测试;

(5) 对定义的服务和消息关联的测试。

对象、结构、主题等在 OOA 结果中的位置,参见图 7-2。

(1) 对认定的对象的测试

OOA 中认定的对象是对问题空间中的结构、其他系统、设备、被记忆的事件、系统涉及的人员等实际实例的抽象。对它的测试可以从如下方面考虑。

① 认定的对象是否全面,是否问题空间中所有涉及的实例都反映在认定的抽象对象中。

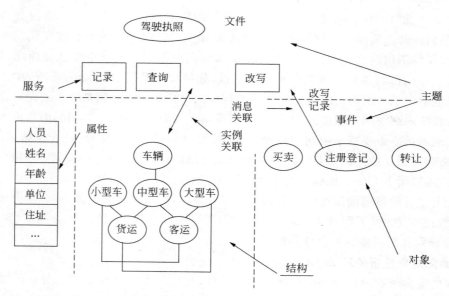

图 7-2 车辆管理系统部分 OOA 分析结果示意图

② 认定的对象是否具有多个属性。只有一个属性的对象通常应看成其他对象的属性，而不是抽象为独立的对象。

③ 对认定为同一对象的实例是否有共同的，区别于其他实例的共同属性。

④ 对认定为同一对象的实例是否提供或需要相同的服务，如果服务随着不同的实例而变化，认定的对象就需要分解或利用继承性来分类表示。

⑤ 如果系统没有必要始终保持对象代表的实例的信息，提供或者得到关于它的服务，认定的对象也无必要。

⑥ 认定的对象的名称应该尽量准确，适用。

（2）对认定的结构的测试

在 Coad 方法中，认定的结构指的是多种对象的组织方式，用来反映问题空间中的复杂实例和复杂关系。认定的结构分为两种：分类结构和组装结构。分类结构体现了问题空间中实例的一般与特殊的关系，组装结构体现了问题空间中实例整体与局部的关系。

① 对认定的分类结构的测试可从如下方面着手：

* 对于结构中的一种对象，尤其是处于高层的对象，是否在问题空间中含有不同于下一层对象的特殊可能性，即是否能派生出下一层对象；

* 对于结构中的一种对象，尤其是处于同一低层的对象，是否能抽象出在现实中有意义的更一般的上层对象；

* 对所有认定的对象，是否能在问题空间内向上层抽象出在现实中有意义的对象；

* 高层的对象的特性是否完全体现下层的共性；

* 低层的对象是否有高层特性基础上的特殊性。

② 对认定的组装结构的测试从如下方面入手：

* 整体（对象）和部件（对象）的组装关系是否符合现实的关系；

* 整体（对象）的部件（对象）是否在考虑的问题空间中有实际应用；

- 整体(对象)中是否遗漏了反映在问题空间中有用的部件(对象);
- 部件(对象)是否能够在问题空间中组装新的有现实意义的整体(对象)。

（3）对认定的主题的测试

主题是在对象和结构的基础上更高一层的抽象,是为了提供 OOA 分析结果的可见性,如同文章对各部分内容的概要。对主题层的测试应该考虑以下方面。

① 贯彻 George Miller 的"7＋2"原则。如果主题个数超过 7 个,就要求对有较密切属性和服务的主题进行归并。

② 主题所反映的一组对象和结构是否具有相同和相近的属性和服务。

③ 认定的主题是否是对象和结构更高层的抽象,是否便于理解 OOA 结果的概貌(尤其是对非技术人员的 OOA 结果读者)。

④ 主题间的消息联系(抽象)是否代表了主题所反映的对象和结构之间的所有关联。

（4）对定义的属性和实例关联的测试

属性是用来描述对象或结构所反映的实例的特性。而实例关联是反映实例集合间的映射关系。对属性和实例关联的测试从如下方面考虑。

① 定义的属性是否对相应的对象和分类结构的每个现实实例都适用。

② 定义的属性在现实世界是否与这种实例关系密切。

③ 定义的属性在问题空间是否与这种实例关系密切。

④ 定义的属性是否能够不依赖于其他属性被独立理解。

⑤ 定义的属性在分类结构中的位置是否恰当,低层对象的共有属性是否在上层对象属性体现。

⑥ 在问题空间中每个对象的属性是否定义完整。

⑦ 定义的实例关联是否符合现实。

⑧ 在问题空间中实例关联是否定义完整,特别需要注意 1—多和多—多的实例关联。

（5）对定义的服务和消息关联的测试

定义的服务,就是定义的每一种对象和结构在问题空间所要求的行为。由于问题空间中实例间必要的通信,在 OOA 中相应需要定义消息关联。对定义的服务和消息关联的测试从如下方面进行。

① 对象和结构在问题空间的不同状态是否定义了相应的服务。

② 对象或结构所需要的服务是否都定义了相应的消息关联。

③ 定义的消息关联所指引的服务提供是否正确。

④ 沿着消息关联执行的线程是否合理,是否符合现实过程。

⑤ 定义的服务是否重复,是否定义了能够得到的服务。

2. 面向对象设计的测试（OOD test）

通常的结构化的设计方法,用的是"面向作业的设计方法。它把系统分解以后,提出一组作业,这些作业是以过程实现系统的基础构造,把问题域的分析转化为求解域的设计。分析的结果是设计阶段的输入"。

而面向对象设计（OOD）采用"造型的观点",以 OOA 为基础归纳出类,并建立类结构或进一步构造成类库,实现分析结果对问题空间的抽象。OOD 归纳的类,可以是对象简单的延续,可以是不同对象的相同或相似的服务。由此可见,OOD 不是在 OOA 上的另一思维方式的大动干戈,而是 OOA 的进一步细化和更高层的抽象。所以,OOD 与 OOA 的界限通常是难以严格区分的。OOD 确定类和类结构不仅是满足当前需求分析的要求,更重要的是通过重新组合或加以适当的补充,能方便实现功能的重用和扩增,以不断适应用户的要求。因此,对 OOD 的测试,本文建议针对功能的实现和重用以及对 OOA 结果的拓展,应从对认定的类的测试;对构造的类层次结构的测试;对类库的支持的测试三方面考虑。

(1) 对认定的类的测试

OOD 认定的类可以是 OOA 中认定的对象,也可以是对象所需要的服务的抽象,对象所具有的属性的抽象。认定的类原则上应该尽量基础性,这样才便于维护和重用。根据属性与实例的关联以及服务与消息的关联,测试认定的类:

① 是否涵盖了 OOA 中所有认定的对象;

② 是否能体现 OOA 中定义的属性;

③ 是否能实现 OOA 中定义的服务;

④ 是否对应着一个含义明确的数据抽象;

⑤ 是否尽可能少的依赖其他类;

⑥ 类中的方法(C++:类的成员函数)是否单用途。

(2) 对构造的类层次结构的测试

为能充分发挥面向对象的继承共享特性,OOD 的类层次结构,通常基于 OOA 中产生的分类结构的原则来组织,着重体现父类和子类间一般性和特殊性。在当前的问题空间,对类层次结构的主要要求是能在解空间构造实现全部功能的结构框架。为此,测试如下方面:

① 类层次结构是否涵盖了所有定义的类;

② 是否能体现 OOA 中所定义的实例关联;

③ 是否能实现 OOA 中所定义的消息关联;

④ 子类是否具有父类没有的新特性;

⑤ 子类间的共同特性是否完全在父类中得以体现。

(3) 对类库支持的测试

对类库的支持虽然也属于类层次结构的组织问题,但其强调的重点是软件开发的重用。由于它并不直接影响当前软件的开发和功能实现,因此,将其单独提出来测试,也可作为对高质量类层次结构的评估。拟订测试点如下:

① 一组子类中关于某种含义相同或基本相同的操作,是否有相同的接口(包括名字和参数表);

② 类中方法(C++:类的成员函数)功能是否较单纯,相应的代码行是否较少(建议为超过 30 行);

③ 类的层次结构是否是深度大,宽度小。

3. 面向对象编程的测试(OOP test)

典型的面向对象程序具有继承、封装和多态的新特性,这使得传统的测试策略必须有所改变。封装是对数据的隐藏,外界只能通过被提供的操作来访问或修改数据,这样降低了数据被任意修改和读写的可能性,降低了传统程序中对数据非法操作的测试。继承是面向对象程序的重要特点,继承使得代码的重用率提高,同时也使错误传播的概率提高。继承使得传统测试遇见了这样一个难题:对继承的代码究竟应该怎样测试?(参见面向对象单元测试）。多态使得面向对象程序对外呈现出强大的处理能力,但同时却使得程序内"同一"函数的行为复杂化,测试时不得不考虑不同类型具体执行的代码和产生的行为。

面向对象程序是把功能的实现分布在类中。能正确实现功能的类,通过消息传递来协同实现设计要求的功能。正是这种面向对象程序风格,将出现的错误能精确地确定在某一具体的类中。因此,在面向对象编程(OOP)阶段,忽略类功能实现的细则,将测试的目光集中在类功能的实现和相应的面向对象程序风格,主要体现为①数据成员是否满足数据封装的要求;②类是否实现了要求的功能。假设编程使用 C++ 语言)。

(1) 数据成员是否满足数据封装的要求

数据封装是数据和数据有关的操作的集合。检查数据成员是否满足数据封装的要求,基本原则是数据成员是否被外界(数据成员所属的类或子类以外的调用)直接调用。更直观地说,当改编数据成员的结构时,是否影响了类的对外接口,是否会导致相应外界必须改动。值得注意,有时强制的类型转换会破坏数据的封装特性。例如:

```
class Hiden
{ private:
    int a=1;
    char * p="hiden";}
class Visible
{ public:
    int b=2;
    char * s="visible";}
…
hiden pp;
visible * qq=(visible * )&pp;
```

在上面的程序段中,pp 的数据成员可以通过 qq 被随意访问。

(2) 类是否实现了要求的功能

类所实现的功能,都是通过类的成员函数执行。在测试类的功能实现时,应该首先保证类成员函数的正确性。单独看待类的成员函数,与面向过程程序中的函数或过程没有本质的区别,几乎所有传统的单元测试中所使用的方法,都可在面向对象的单元测试中使用。具体的测试方法在面向对象的单元测试中介绍。类函数成员的正确行为只是类能够实现要求的功能的基础,类成员函数间的作用和类之间的服务调用是单元测试无法确定的。因此,需要进行面向对象的集成测试。具体的测试方法在面向对象的集成测试中介绍。需要着重声明,测试类的功能,不能仅满足于代码能无错运行或被测试类能提供的功能无错,应该以所做的 OOD 结果为依据,检测类提供的功能是否满足设计的要求,是否有缺陷。必要时(如通过 OOD 仍然不清楚明确的地方)还应该参照 OOA 的结果,以之为最终标准。

4. 面向对象的单元测试(OO unit test)

传统的单元测试是针对程序的函数、过程或完成某一定功能的程序块。沿用单元测试的概念,实际测试类成员函数。一些传统的测试方法在面向对象的单元测试中都可以使用。如等价类划分法、因果图法、边值分析法、逻辑覆盖法、路径分析法、程序插装法等,方法的具体实现参见本书第六章。单元测试一般建议由程序员完成。

用于单元级测试进行的测试分析(提出相应的测试要求)和测试用例(选择适当的输入,

达到测试要求),规模和难度等均远小于后面将要介绍的对整个系统的测试分析和测试用例,而且强调对语句应该有 100% 的执行代码覆盖率。在设计测试用例选择输入数据时,可以基于以下两个假设。

(1) 如果函数(程序)对某一类输入中的一个数据正确执行,对同类中的其他输入也能正确执行。该假设的思想为等价类划分。

(2) 如果函数(程序)对某一复杂度的输入正确执行,对更高复杂度的输入也能正确执行。例如需要选择字符串作为输入时,基于本假设,就无须计较于字符串的长度。除非字符串的长度是要求固定的,如 IP 地址字符串。

在面向对象程序中,类成员函数通常都很小,功能单一,函数的间接调用频繁,容易出现一些不易发现的错误。例如:

```
if(-1==write (fid,buffer,amount)) error_out();
```

该语句没有全面检查 write() 的返回值,无意中断然假设了只有数据被完全写入和没有写入两种情况。当测试时也忽略了数据部分写入的情况,就给程序遗留了隐患。按程序的设计,使用函数 strrchr() 查找最后的匹配字符,但误写成了 strchr() 函数,使程序功能实现时查找的是第一个匹配字符。程序中将 if(strncmp(str1,str2,strlen(str1))) 误写成了 if(strncmp(str1,str2,strlen(str2)))。如果测试用例中使用的数据 str1 和 str2 长度一样,就无法检测出。

因此,在做测试分析和设计测试用例时,应该注意面向对象程序的这个特点,仔细进行测试分析和设计测试用例,尤其是针对以函数返回值作为条件判断选择,字符串操作等情况。

面向对象编程的特性使得对成员函数的测试又不完全等同于传统的函数或过程测试,尤其是继承特性和多态特性,使子类继承或过载的父类成员函数出现了传统测试中未遇见的问题。面向对象的单元测试,我们需要从以下两方面来考虑。

(1) 继承的成员函数是否都不需要测试

对父类中已经测试过的成员函数,两种情况需要在子类中重新测试:继承的成员函数在子类中做了改动;成员函数调用了改动过的成员函数的部分。

例如,假设父类 Bass 有两个成员函数:Inherited() 和 Redefined(),子类 Derived 只对 Redefined() 做了改动。Derived::Redefined() 显然需要重新测试。

对于 Derived::Inherited(),如果它有调用 Redefined() 的语句(如:$x = x/Redefined()$),就需要重新测试,反之则无此必要。

(2) 对父类的测试是否能照搬到子类

援用上面的假设,Base::Redefined() 和 Derived::Redefined() 已经是不同的成员函数,它们有不同的服务说明和执行。对此,照理应该对 Derived::Redefined() 重新测试分析,设计测试用例。但由于面向对象的继承使得两个函数相似,故只需在 Base::Redefined() 的测试要求和测试用例上添加对 Derived::Redfined() 新的测试要求和增补相应的测试用例。例如,Base::Redefined() 中含有如下语句:

```
if(value<0) message ("less");
else if(value==0) message ("equal");
```

```
else  message("more");
```

在 Derived∷Redfined()中定义为：

```
if(value<0)  message ("less");
else if(value==0)  message("It is equal");
else
{ message("more");
   if(value==88)  message("luck");}
```

在原有的测试上，对 Derived∷Redfined()的测试只需做如下改动：将 value＝＝0 的测试结果进行改动，增加 value＝＝88 的测试。

多态有几种不同的形式，如参数多态、包含多态、过载多态。包含多态和过载多态在面向对象语言中通常体现在子类与父类的继承关系，对这两种多态的测试参见上述对父类成员函数继承和过载的论述。包含多态虽然使成员函数的参数可有多种类型，但通常只是增加了测试的繁杂。对具有包含多态的成员函数测试时，只需要在原有的测试分析和基础上扩大测试用例中输入数据的类型的考虑。

5. 面向对象的集成测试（OO integrate test）

传统的集成测试，是由底向上通过集成完成的功能模块进行测试，一般可以在部分程序编译完成的情况下进行。而对于面向对象程序，相互调用的功能是散布在程序的不同类中，类通过消息相互作用申请和提供服务。类的行为与它的状态密切相关，状态不仅仅是体现在类数据成员的值，也许还包括其他类中的状态信息。由此可见，类相互依赖极其紧密，根本无法在编译不完全的程序上对类进行测试。所以，面向对象的集成测试通常需要在整个程序编译完成后进行。此外，面向对象程序具有动态特性，程序的控制流往往无法确定，因此也只能对整个编译后的程序做基于黑盒子的集成测试。

面向对象的集成测试能够检测出相对独立的单元测试无法检测出的那些类相互作用时才会产生的错误。基于单元测试对成员函数行为正确性的保证，集成测试只关注于系统的结构和内部的相互作用。面向对象的集成测试可以分成两步进行：先进行静态测试，再进行动态测试。

静态测试主要针对程序的结构进行，检测程序结构是否符合设计要求。现在流行的一些测试软件都能提供一种称为"可逆性工程"的功能，即通过原程序得到类关系图和函数功能调用关系图，例如 International Software Automation 公司的 Panorama-2 for Windows 95、Rational 公司的 Rose C++ Analyzer 等，将"可逆性工程"得到的结果与 OOD 的结果相比较，检测程序结构和实现上是否有缺陷。换句话说，通过这种方法检测 OOP 是否达到了设计要求。

动态测试设计测试用例时，通常需要上述的功能调用结构图、类关系图或者实体关系图为参考，确定不需要被重复测试的部分，从而优化测试用例，减少测试工作量，使得进行的测试能够达到一定覆盖标准。测试所要达到的覆盖标准可以是：达到类所有的服务要求或服务提供的一定覆盖率；依据类间传递的消息，达到对所有执行线程的一定覆盖率；达到类的所有状态的一定覆盖率等。同时也可以考虑使用现有的一些测试工具来得到程序代码执行的覆盖率。

具体设计测试用例,可参考下列步骤。

(1) 先选定检测的类,参考 OOD 分析结果,仔细分析出类的状态和相应的行为,类或成员函数间传递的消息,输入或输出的界定等。

(2) 确定覆盖标准。

(3) 利用结构关系图确定待测类的所有关联。

(4) 根据程序中类的对象构造测试用例,确认使用什么输入激发类的状态、使用类的服务和期望产生什么行为等。

值得注意的是,设计测试用例时,不但要设计确认类功能满足的输入,还应该有意识地设计一些被禁止的例子,确认类是否有不合法的行为产生,如发送与类状态不相适应的消息,要求不相适应的服务等。根据具体情况,动态地集成测试,有时也可以通过系统测试完成。

6. 面向对象的系统测试(OO system test)

通过单元测试和集成测试,仅能保证软件开发的功能得以实现。但不能确认在实际运行时,它是否满足用户的需要,是否大量存在实际使用条件下会被诱发产生错误的隐患。为此,对完成开发的软件必须经过规范的系统测试。换个角度说,开发完成的软件仅仅是实际投入使用系统的一个组成部分,需要测试它与系统其他部分配套运行的表现,以保证在系统各部分协调工作的环境下也能正常工作。在后面对 ZXM10 收发台系统测试的叙述可以看到,其他的系统设备(如监控台、图像台、E1 接入设备、摄像头等)如何配合收发台的系统测试。

系统测试应该尽量搭建与用户实际使用环境相同的测试平台,应该保证被测系统的完整性,对临时没有的系统设备部件,也应有相应的模拟手段。系统测试时,应该参考 OOA 分析的结果,对应描述的对象、属性和各种服务,检测软件是否能够完全"再现"问题空间。系统测试不仅是检测软件的整体行为表现,从另一个侧面看,也是对软件开发设计的再确认。

这里说的系统测试是对测试步骤的抽象描述。它体现的具体测试内容包括以下方面。

(1) 功能测试:测试是否满足开发要求,是否能够提供设计所描述的功能,是否用户的需求都得到满足。功能测试是系统测试最常用和必需的测试,通常还会以正式的软件说明书为测试标准。

(2) 强度测试:测试系统的能力最高实际限度,即软件在一些超负荷的情况下功能的实现情况。如要求软件某一行为的大量重复、输入大量的数据或大数值数据、对数据库大量复杂的查询等。

(3) 性能测试:测试软件的运行性能。这种测试常常与强度测试结合进行,需要事先对被测软件提出性能指标,如传输连接的最长时限、传输的错误率、计算的精度、记录的精度、响应的时限和恢复时限等。

(4) 安全测试:验证安装在系统内的保护机构确实能够对系统进行保护,使之不受各种非常的干扰。安全测试时需要设计一些测试用例试图突破系统的安全保密措施,检验系统是否有安全保密的漏洞。

（5）恢复测试：采用人工的干扰使软件出错，中断使用，检测系统的恢复能力，特别是通信系统。恢复测试时，应该参考性能测试的相关测试指标。

（6）可用性测试：测试用户是否能够满意使用。具体体现为操作是否方便，用户界面是否友好等。

（7）安装/卸载测试（install/uninstall test）等。

7.6 面向对象测试工具 JUnit

JUnit 是一个开源的 Java 单元测试框架。在 1997 年，由 Erich Gamma 和 Kent Beck 开发完成。Erich Gamma 是 GOF 之一；Kent Beck 则在 Windows XP 中有重要的贡献。单击 http://www.junit.org 可以下载到最新版本的 JUnit。

这样，在系统中就可以使用 JUnit 编写单元测试代码了。JUnit 设计得非常小巧，但是功能却非常强大。

下面是 JUnit 一些特性的总结。

（1）提供的 API 可以让你写出测试结果明确的可重用单元测试用例。

（2）提供了三种方式来显示测试结果，而且还可以扩展。

（3）提供了单元测试用例成批运行的功能。

（4）超轻量级而且使用简单，没有商业性的欺骗和无用的向导。

（5）整个框架设计良好，易扩展。

对不同性质的被测对象，如 Class、JSP、Servlet、EJB 等，JUnit 有不同的使用技巧。下面以类测试为例加以介绍 JUnit 的安装与配置。

将下载的 JUnit 压缩包解压到一个物理目录中（例如 E:\JUnit3.8.1）。记录 JUnit.jar 文件所在目录名（例如 E:\JUnit3.8.1\JUnit.jar）。进入操作系统（以 Windows 2000 操作系统为例），按照次序单击"开始"→"设置"→"控制面板"。在控制面板选项中选择"系统"，单击"环境变量"，在"系统变量"的"变量"列表框中选择 CLASS-PATH 关键字（不区分大小写），如果该关键字不存在则添加。双击 CLASS-PATH 关键字添加字符串"E:\JUnit3.8.1\JUnti.jar"（注意，如果已有别的字符串请在该字符串的字符结尾加上分号";"），然后确定，JUnit 就可以在集成环境中应用了。

下面以一个简单的例子入手。这是一个只会做两数加减的 Java 类计算器程序代码：

```
public class SampleCalculator
{
    public int add(int augend,int addend)
    {
        return augend+addend;
    }
    public int subtration(int minuend,int subtrahend)
    {
        return minuend-subtrahend;
    }
}
```

将上面的代码编译通过。下面就是为上面程序写的一个单元测试用例（请注意这个程序里面类名和方法名的特征）：

```
import junit.framework.TestCase;
public class TestSample extends TestCase
{
    public void testAdd()
    {
        SampleCalculator calculator=new SampleCalculator();
        int result=calculator.add(50,20);
        assertEquals(70,result);
    }
    public void testSubtration();
    {
        SampleCalculator calculator=new SampleCalculator();
        int result=calculator.subtration(50,20);
        assertEquals(30,result);
    }
}
```

然后在 DOS 命令行里面输入 javac TestSample.java 命令使测试类通过编译。再输入 java junit.swingui.TestRunner TestSample 命令运行测试类，将会看到测试结果，绿色说明单元测试通过，没有错误产生；如果是红色的，则就是说测试失败了。这样一个简单的单元测试就完成了。

按照框架规定：编写的所有测试类，必须继承自 junit.framework.TestCase 类；里面的测试方法，命名应该以 Test 开头，必须是 public void 而且不能有参数；而且为了测试查错方便，尽量一个 Test×××方法对一个功能单一的方法进行测试；使用 assertEquals 等 junit.framework.TestCase 中的断言方法来判断测试结果正确与否。经过简单的类测试学习，可以编写标准的类测试用例了。

本章小结

本章主要介绍了面向对象软件测试相关的基本内容。首先介绍了面向对象的基本特点，接着介绍了面向对象的软件测试的基本概念以及与传统测试的区别，然后详细介绍了面向对象软件测试的基本内容，接着重点介绍了面向对象软件测试的测试模型，包括面向对象分析测试、面向对象设计的测试、面向对象编程的测试、面向对象单元测试、面向对象集成测试以及面向对象系统测试。OOA test 和 OOD test 是对分析结果和设计结果的测试，主要是对分析设计产生的文档进行测试，是软件开发前期的关键性测试。OOP test 主要针对编程风格和程序代码实现进行测试，主要的测试内容在面向对象单元测试和面向对象集成测试中体现。最后再概述了面向对象单元测试工具 JUnit。

练习题

一、判断题

1. 面向对象测试的对象是面向对象软件,采用面向对象的概念和原则,用结构化的方法构建。　　　　　　　　　　　　　　　　　　　　　　　　　　（　　）

2. 面向对象编程的特点有抽象、继承、封装和多态性。　　　　　　　（　　）

3. JUnit 是面向对象的单元测试工具。　　　　　　　　　　　　　　（　　）

4. 类是具有相同属性和相同行为的对象的集合。　　　　　　　　　　（　　）

5. 面向对象的集成测试能够检测出相对独立的单元测试无法检测出的那些类相互作用时才会产生的错误。　　　　　　　　　　　　　　　　　　　　　　（　　）

二、选择题

1. 软件测试分类按用例设计方法的角度分为（　　　）。

    A. 单元测试和集成测试　　　　　　　　B. 静态测试和动态测试

    C. 黑盒测试和白盒测试　　　　　　　　D. 系统测试和验收测试

2. 面向对象开发的特点是遵循以下三项原则（　　　）。

    A. 抽象原则　　　　　B. 封装原则　　　　　C. 继承原则　　　　　D. 特殊原则

3. 在面向对象编程（OOP）阶段,忽略类功能实现的细则,将测试的目光集中在类功能的实现和相应的面向对象程序风格,主要体现为以下两个方面（假设编程使用 C++ 语言）:（　　　）。

    A. 数据成员是否满足数据封装的要求　　B. 类是否实现了要求的功能

    C. 封装是否满足了成员要求　　　　　　D. 功能是否实现

4. 属于面向对象单元测试工具的是（　　　）。

    A. LoadRunner　　　　B. QTP　　　　　　C. QC　　　　　　　D. JUnit

5. 面向对象开发模型包含（　　　）阶段。

    A. OOA　　　　　　　B. OOD　　　　　　C. OOP　　　　　　D. AOP

三、简答题

1. 面向对象的测试模型是什么? 包括哪几个阶段?

2. 面向对象的系统测试包括哪些方面?

3. 面向对象的特点有哪些?

第 8 章　缺陷跟踪管理

本章目标

- 掌握缺陷跟踪管理基本理论
- 掌握 Bug 的生命周期和管理
- 了解缺陷管理工具 JIRA

本章单词

bug：＿＿＿＿＿＿＿＿＿＿＿＿＿＿＿＿＿＿　　　assigned：＿＿＿＿＿＿＿＿＿＿＿＿＿＿＿＿＿

postponed：＿＿＿＿＿＿＿＿＿＿＿＿＿＿＿　　　rejected：＿＿＿＿＿＿＿＿＿＿＿＿＿＿＿＿＿

　　现在软件开发公司越来越重视产品质量,很多软件公司纷纷成立了自己的测试团队,测试在软件开发的周期中显得越来越重要。软件测试是为发现错误而运行一个程序或者系统的过程。软件测试的主要目的是发现软件中的错误或缺陷。这里软件中的一个错误或缺陷就是一个 Bug。软件测试的过程就是不断寻找 Bug,然后排除 Bug。微软公司的研发管理中,它的 Bug 管理系统是居于核心地位的。测试人员只要发现问题就立即新建一个 Bug 予以跟踪并指派给相关的开发小组长,开发人员会根据 Bug 的详细信息找到问题所在,修改程序解决这个 Bug,并把 Bug 返回给当初的测试人员。阅读每个 Bug,你可以详细地看到大家解决这个问题的完整思路。一般情况下,在分析、设计、实现阶段的复审和测试工作中能够发现和避免 80% 的 Bug,而系统测试又能找出其余 Bug 中的 15%,余下的 5% 的 Bug 可能只有在用户的大范围、长时间使用后才会暴露出来。因为测试只能够保证尽可能多地发现错误,无法保证能够发现所有的错误。

8.1　Bug 的影响

8.1.1　精神的摧残

　　谁会愿意得到垃圾团队的称号?

　　Bug 有着无穷的生命力,你会很悲观,认为自己已经无能为力了,这种情绪会在长时间的工作后加重。

　　我们都厌倦重复处理相同的问题,测试人员也已经烦透了长长的 Bug 列表,精神压力与日俱增。

　　低生产率和低等产品质量,耗费了大量的资源。有时管理层并没有意识到发生了什么问题,为了保证项目的最终交付,他们为项目输送了源源不断的新人,由于培训无法跟进,最终导致了整个产品开发的崩溃。

8.1.2　形象的损失

　　如果某些公司的某些产品出现了重大 Bug,势必会牵连到降低公司的形象,至少我们有理由相信该公司的产品质量不稳定。

　　电子商务更能体现形象,如果网站很长时间才能响应客户服务,或者出现了丢失订单、混乱订单的现象,这样的网站会很快被客户抛弃,客户一旦离开就很难找回。

　　形象的损失带来的后果是巨大的,产品不被市场所认可,甚至公司也不再被市场所认可。

8.1.3　财富的流失

　　产品的开发需要资金,公司的运转需要资金,坏的市场形象需要公司花费更多的资金来挽回声誉。

　　有 Bug 的软件产品后期维护也是一个大问题。

8.2　Bug 的产生

8.2.1　交流的误解

（1）羞涩。跟客户交流的时候总是用很小的声音说明自己的观点，表现力度不够；或者静静地坐在会议室的角落，没有任何思想地观看别人的激烈讨论。

（2）胆怯。项目参与人员缺乏对客户的了解，造成盲目跟从心理。交流的时候只是去听，而不敢反驳或者提出相反的意见。

（3）依赖。部分项目参与人员认为交流的时候，只要有一个人做会议笔记就可以了，总是找一种感情上的依托。

（4）轻视。拥有专业知识的项目人员不重视客户所说的，或者认为客户所说的不可能实现毫无科学根据。

（5）健忘。自信能记住会议上所有讨论内容而不做笔记，结果在实际的设计或者开发过程中遗忘了部分要点和注意事项。

（6）误解。这是人类相互之间普遍存在的一种现象。

我们的认知层面、各自拥有的知识、处事原则各不相同，难免会产生这种情况，可以通过相互培训及有效的交流来避免这种情况的发生。

8.2.2　软件的复杂性、程序员的错误

（1）过于疲劳。让程序员持续地开发，疲于奔命地完成某项任务，这时候程序员认为休息比编码质量更重要。

（2）不守规矩。程序员按照自己心中的蓝图去描绘一个美丽的乌托邦，或者随心所欲地使用自己的编码格式，完全不遵守项目的开发准则。

（3）过于热心。程序员经常犯这样的错误，没有经过严格验证和全局考虑，任意修改设计并且认为这会产生更好的效果。

8.2.3　需求变化

（1）客户并不了解需求变化所带来的后果，就算知道了他们还是会坚持这么做。并且在客户的眼里，他们只需要看到变化，却从不考虑变化所需的额外工作时间。

（2）需求变化的后果可能会造成重新设计或者日程调整，已完成的工作可能要重做或者被完全抛弃，整个项目环境可能要因此改变等。

（3）频繁的、小的变化或者几次重大的变化，项目各部分之间已知或者未知的依赖关系就会相互影响，从而导致更多问题的出现。

（4）需求变化增加了项目操作的复杂性，产生了大量不确定因素，并且还可能打击参与人员的工作积极性。一个需求变化频繁的项目或者产品是没有任何测试价值的。

8.2.4　时间压力

时间是一种宝贵的资源。所有软件项目时间都需要精确估算。当夹杂着预计、猜测这

些不稳定的因素时,在最终期限迫近和关键时刻到来之际,错误也就跟着出现了。

8.2.5　文档贫乏

贫乏或者差劲的文档使得代码维护和修改变得异常艰辛,其结果是带来许多错误。

区分职业实现人员的方法并不是看他有几年的编码经验,而在于其是否有良好的先文档后实现的习惯。

文档代表着一种特殊的记忆,没有它的存在对人对己都不利。

8.2.6　软件开发工具

总是希望通过更加先进的工具来避免 Bug 的出现,这就患上了典型的"银弹综合征"。

开发工具可能使我们摆脱某些问题,并且提高工作效率。实际上,现代的开发工具对整个软件质量尤其是可靠性并没有什么重大的影响。

8.3　Bug 如何穿透测试

8.3.1　代价太大

正规的软件公司会引入 QA,对项目整个过程进行全方位的质量保证工作。但是执行 QA 需要调用很多的资源,比如要检查和复审需求阶段输出的标准工件,就需要高水平的分析员加入,但是通常他们时间很宝贵,并且不会有太多的精力顾及此事。

在设计和实现阶段,随着大量审查工作的介入,所有该阶段的参与人员都要付出更多的时间和精力来参与。

这些形式的检查、审查和测试延长了整个项目的开发过程,这些附加的工作时间都会直接变成附加费用,大大增加了整个项目的造价。

8.3.2　市场决策

即使测试人员发现了产品中的 Bug,但是公司会觉得修复 Bug 将延长整个产品的发布时间,有可能错过销售的旺季(可能是每年的 5～10 月份),并且会打乱整个公司针对该产品的销售计划,在确认产品中的 Bug 不是非常严重的情况下,软件被销售了。但是,如果这是航天、医疗、股票交易的管控软件系统,如果带有 Bug,则后果是非常严重的,但是对于某些行业这样的做法是可行的。

8.3.3　时间紧迫

测试要花费大量的时间,至今尚未有一种自动化的测试工具能够全面、高效率地测试一套软件产品。

测试项目经理接到测试任务后表现得过于乐观,没有考虑任务的风险。

开发人员过高估计自己的能力,认为所有的 Bug 都是微不足道、便于修复的。他让测试工作和编码工作同时进行,这样根本没办法保证测试的正确性。并且在时间紧迫的时候,大多数测试员只是选择明显的几条程序路径测试或者输入不完整的测试数据,这些都造成了大量的 Bug。

8.3.4 现场证据

有时会遇到这种问题,发现了 Bug 但是不知道怎么把它明显地表示出来。不能向开发人员提供足够的证据报告,这是测试人员的失误,开发人员同样会根据这样的报告评价测试人员的所作所为。

(1) Bug 的可重现性与导致 Bug 出现的原因有着密切的联系。

(2) Bug 的可重现性也体现了测试人员对软件系统的熟悉程度。

(3) Bug 的可重现性也体现在操作的顺序上。

8.3.5 过于自信

开发人员经常说"我做的肯定没问题"或者"不可能呀,它在我的机器上跑得好好的"。有的时候项目管理者也有责任,过于相信团队成员的表现,而不去理会测试人员或者客户的抱怨。

没有详细的测试计划,没有严谨的测试行为,不再关注每个细小的环节,这样 Bug 就悄悄出现了。

8.3.6 模糊提交和测试环境

(1) 缺少必要的测试工具和设备。在一个大型的网站中,系统在正常负载情况下的性能非常重要,如果测试人员没有一种有效的测试工具或者必要的硬件设备,那么就很难去模拟、再现系统负载的环境。

(2) 缺少必要的系统配置。如果是 Java 开发的程序,我们可能会在多种操作系统上去验证它的正确性和稳定性。

(3) 缺少必要的测试用例。好的测试模型可以减少更多的 Bug,也可以发现更多潜在的 Bug。好的测试用例不仅仅是一系列测试方法的组合,它更大的用处在于和历史积累Bug 记录的对比分析。

8.4 Bug 的种类

8.4.1 需求阶段的 Bug——三种需求

(1) 模糊不清的需求;

(2) 忽略的需求;

(3) 冲突的需求。

8.4.2 分析、设计阶段的 Bug——忽略设计

(1) 混乱的设计:这样的情况发生在两种设计性质完全相反的情况中,如果在实际的

系统中,某块地址规定不允许被多线程访问,而方案却被设计成以多线程方式进行,则会在此层面上产生 Bug,严重的会造成整个系统的崩溃。

(2)模糊的设计:模糊 Bug 产生的原因在于设计人员对需求没有清晰的认识,或者需求本身就是含糊不清的。

8.4.3　实现阶段的 Bug——遗漏的功能

(1)内存溢出:属于一种比较严重的软件 Bug 类型。例如,软件执行了某些强行向操作系统保护地址写入数据的指令,导致整个环境的彻底崩溃;再如,数值除零导致堆栈溢出。

(2)其他实现:表现为出现的错误难以定位其类型,比如在产品化阶段,测试人员或者最终用户提出的部分提高程序运行效率的建议,当然开发人员并不完全处理这些问题,但是这些建议将成为一种特殊的 Bug 类型,被保留在项目数据库中。

8.4.4　配置阶段的 Bug

(1)配置阶段的 Bug 是最危险的,往往体现在软件交付或者最后的系统测试中。

(2)配置阶段的 Bug 出现的原因是复杂的,比较典型的是旧的代码覆盖了新的代码;或者测试服务器上的代码和实现人员本机最新代码版本不一致。这些情况造成了错误代码被修改后,经过一个时间段再次回归测试时又会出现同样的问题。

(3)配置阶段的 Bug 解决方案也很简单,项目组可以指定专人(集成员)进行配置和集成管理,集成员保证正确集成整个系统,并将最新的代码发布到测试服务器或者客户服务器上。这个阶段由 QA(质量保证)部门负责监管和控制,规定集成的时间间隔和最佳集成时间,统一维护一份项目组集成人员和集成时间列表。

8.4.5　短视将来的 Bug

很多软件 Bug 都是设计人员或者实现人员的眼光短浅造成的,出名的例子就是"千年虫"问题。

其他短视的 Bug 例子还有我们以前的身份证号码,原来的 15 位的编号根本不符合一人一号的设计要求,重码的现象相当严重,所以出现了 18 位号码。再如,中国移动开发了134 号段的号码,现在又有了 159 号段。

8.4.6　静态文档的 Bug

文档 Bug 的定义很简单,即说明模糊、描述不完整和过期的都属于文档 Bug。

说明模糊特指无充分的信息判断如何正确地处理事情。例如,设计文档中说明了对类实例方法的调用,却没说明边界条件和特殊的调用顺序。

描述不完整特指文档信息不足以支持用户完成某项工作。例如,某套软件的某一项操作有具体的前置条件,而客户从文档上并没有获取关于该前置操作的相关信息,客户便认为软件存在着 Bug。

过期文档本身就是错的并且无法弥补,这种现象经常发生在后期对系统功能修改而没有及时更新对应的文档,造成了文档的不一致性。

8.5　Bug 的生命周期

(1) Bug 初始(unconfirmed & new)状态;

(2) Bug 分配(assigned)状态;

(3) Bug 重新分配(reassigned)状态;

(4) Bug 修复(resolved & fixed)状态;

(5) Bug 验证(verified & fixed)状态;

(6) Bug 重新打开(reopen)状态;

(7) Bug 关闭(closed & fixed)状态。

8.6　Bug 的关键字

8.6.1　Bug 的流转状态关键字

(1) 未确定的(unconfirmed)。这个 Bug 最近才被发现,还没有人确认它是否真的存在,如果有别的测试人员碰到了同样的问题,就可以将这个 Bug 标志为 new,或者将这个 Bug 删除,或者做上 closed 标记。

(2) 新加入的(new)。这个 Bug 最近被测试人员添加到 Bug 列表中,已经被证实存在且必须修改的。即将被分配,如果分配了可以标志为 assigned,未分配则将保留 new 标志,或者做上 resolved 标记。

(3) 确认分配的(assigned)。测试人员将 Bug 的修复任务分配给具体的实现人员,如果 Bug 不属于被分配实现人员的范围,可置为 reassigned,等待被重新指定相关修改人员。

(4) 重新分配的(reassigned)。该 Bug 不属于被分配实现人员的范围,可置为 reassigned 等待被重新指定相关修改人员。

(5) 需要帮助的(needinfo)。测试人员或实现人员无法对发现的 Bug 进行精确定位或描述,需要相关实现人员协助,以更深刻地认识和修复这个 Bug。

(6) 重复出现的(reopened)。该 Bug 已经不是第一次被发现,它可以被标志为 assigned 或者 resolved。

(7) 已解决的(resolved)。实现人员对被分配给自己的 Bug 进行修改,修改完以后,修改状态。

(8) 重新启用的(reopen)。当实现人员发现某些 Bug 具有关联性,即使该 Bug 被正确修复了,也会被发送到起始状态等待回归再次确认。或测试人员发现该 Bug 没有被真正修改后,重置状态。

(9) 正在验证的(verified)。测试人员对标记为 resolved 状态的 Bug 进行验证。

(10) 安全关闭的(closed)。该 Bug 已经被完全解决。

8.6.2　Bug 的解决关键字

（1）已经修复（fixed）。该 Bug 被正确修复了，并且得到了测试人员的确认。

（2）无法修复（wontfix）。发现的 Bug 永远不会被修复，或者该 Bug 牵涉面太广需要委员会决定。

（3）下版本解决（later）。发现的 Bug 不会在产品的这个版本中解决，将在下一个版本中被修复。

（4）无法确定（remind）。发现的 Bug 可能不会在产品的这个版本中解决，也可能会。

（5）重复的（duplicate）。发现的 Bug 是一个已存在 Bug 的复件。

（6）无法证实（incomplete）。用了所有的方法都不能再现这个 Bug，没有更多的线索来证实这 Bug 的存在，即使看程序源代码也无法确认这个 Bug 的出现。

（7）测试错误（nota Bug）。报告出现了错误，将正确的软件过程报告成 Bug 了。

（8）无效的（invalid）。描述的问题不是 Bug，属于测试人员输入错误，通过此项来取消。

（9）问题归档（worksforme）。所有要重现这个 Bug 的企图都是无效的，如果该 Bug 有更多的信息出现，则重新分配这个 Bug，而现在只把它列入问题归档。

8.6.3　Bug 的严重等级关键字

（1）危急的（critical）。能使不相关的系统内软件（或整个系统）损坏，或造成严重的信息遗失，或为安装该软件包的系统引入安全漏洞。

（2）重大的（grave）。使该软件包无法或几乎不可用，或造成数据遗失，或引入一个允许侵入此软件包用户之账号的安全漏洞。

（3）严重的（serious）。该软件包违反了"必须"或"必要"的规定，或者是软件包维护人员和测试人员认为该软件包已不适合发布。

（4）锁定的（blocker）。这个 Bug 阻碍了后面的操作，需要马上或者尽快排除。

（5）重要的（important）。该错误影响了软件包可用性，但不至造成所有人都不可用。

（6）常规的（normal）。为默认，适用于大部分的错误。

（7）轻微的（minor）。该错误不致影响软件包的使用，而且应该很容易解决。

（8）微不足道的（trivial）。该错误无关紧要，多指外观上的字符拼写错误，不影响整个项目。

8.6.4　Bug 处理的优先等级关键字

（1）立刻修复（immediate）。这个 Bug 已经阻碍了开发工作或者测试工作，需要立刻修改。

（2）马上修复（urgent）。这个 Bug 阻碍了软件的一部分应用，如果不修复它将妨碍下面计划的实施。

（3）尽快修复（high）。真实存在的并不是很严重，在版本发布之前修复。

（4）正常修复（normal）。有充足的时间来修复这个问题，并且这个 Bug 给现行系统的影响不大。

（5）考虑修复（low）。不是什么关键 Bug，当时间允许的时候可以考虑修复。

8.7 Bug 的管理

缺陷的管理目前一般是采用工具来进行管理和跟踪,一些规模小的公司还是采用文档来进行跟踪和管理,这样会浪费很多人力、物力,而且管理的过程会出现混乱,不容易进行整个项目的缺陷跟踪和管理。以下是一个缺陷跟踪管理流程图和 Bug 处理过程,如图 8-1 所示。

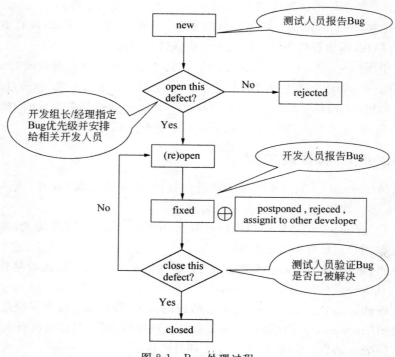

图 8-1　Bug 处理过程

(1) Bug Start→ Bug 初始状态→Bug 分配状态→Bug 重新分配状态→ Bug 修复状态→Bug验证状态→ Bug 关闭状态

测试人员发现 Bug 并且将该 Bug 标记为 unconfirmed & new 状态,下一步测试人员在排除 Bug 的登记错误后,将该 Bug 置为 assigned 状态。实现人员接到该 Bug 通告进行 Bug 确认,确认成功后该 Bug 状态被置为 reassigned 状态,当实现人员修复 Bug 后该 Bug 置为 resolved & fixed 状态。测试人员对实现人员修复后的 Bug 进行确认测试,如果该 Bug 被正确修复了,那么其状态被置为 closed & fixed 状态,同时意味着该 Bug 的整个生命周期终结。

(2) Bug start→ Bug 修复状态→ Bug 验证状态→Bug 关闭状态

回归测试后,如果部分登记 Bug 再次出现,测试人员可直接将已登记的 closed & fixed 状态的 Bug 转入修复流程,等实现人员修复 Bug 后将该 Bug 置为 resolved & fixed 状态。测试人员对实现人员修复后的 Bug 进行确认测试,如果该 Bug 被正确修复了,那么其状态被置为 closed & fixed 状态,同时意味着该 Bug 的整个生命周期终结。

(3) Bug start→ Bug 初始状态→ Bug 分配状态→Bug 重新分配状态

测试人员发现 Bug 并且将该 Bug 标记为 unconfirmed & new 状态,下一步测试人员在排除 Bug 的登记错误后,将该 Bug 置为 assigned 状态。实现人员接到该 Bug 通告进行 Bug 确认,确认失败后该 Bug 状态被置为 reassigned 状态并发送回 Bug 起始阶段。

(4) Bug start→ Bug 初始状态→ Bug 分配状态→Bug 重新分配状态→ Bug 修复状态→Bug 重新打开状态

测试人员发现 Bug 并且将该 Bug 标记为 unconfirmed & new 状态,下一步测试人员在排除 Bug 的登记错误后,将该 Bug 置为 assigned 状态。实现人员接到该 Bug 通告进行 Bug 确认,确认成功后该 Bug 状态被置为 reassigned 状态,当实现人员修复 Bug 后该 Bug 置为 resolved & fixed 状态,但是实现人员发现该 Bug 与其他实现人员的 Bug 有关联关系,可能导致本次修复无效,所以实现人员将该 Bug 置为 reopen 状态发送回 Bug 起始阶段。

(5) Bug start→ Bug 初始状态→ Bug 分配状态→Bug 重新分配状态→ Bug 修复状态→Bug 验证状态→ Bug 重新打开状态

开发人员接到该 Bug 通告进行 Bug 确认,确认成功后该 Bug 状态被置为 reassigned 状态,当实现人员修复 Bug 后该 Bug 置为 resolved & fixed 状态。测试人员对实现人员修复后的 Bug 进行确认测试,验证成功后测试人员怀疑该 Bug 并非真正修复,将该 Bug 置为 reopen 状态发送回 Bug 起始阶段。

8.8 缺陷管理工具 JIRA

8.8.1 JIRA 介绍

跟踪并管理在项目开发和维护过程中出现的问题(如,缺陷、新特性、任务、改进等)是项目管理很重要的任务,但是很少有团队能做好。JIRA 作为一个专业的问题跟踪系统可以帮助您把缺陷管理起来,让跟踪和管理在项目中发现的问题变得简单,而且充分利用 JIRA 的灵活配置和扩展性,可以将 JIRA 作为一个项目管理系统或者 IT 支持系统。

1. JIRA 特性

(1) 管理缺陷、新特性、任务、改进或者其他任何问题;

(2) 人性化使用的用户界面;

(3) 灵活的工作流定制;

(4) 全文搜索和强大的过滤器;

(5) 企业级的权限和安全控制;

(6) 非常灵活的邮件通知配置;

(7) 可以创建子任务;

(8) 方便的扩展及与其他系统集成:包括 E-mail、LDAP 和源码控制工具等;

(9) 丰富的插件库;

(10) 项目类别和组件/模块管理;

（11）可以在几乎所有硬件,操作系统和数据库平台运行。

2. JIRA 角色

JIRA 作为一个缺陷跟踪管理系统,可以被企业管理人员、项目管理人员、开发人员、分析人员、测试人员和其他人员所广泛使用。

（1）管理人员,根据 JIRA 系统提供的数据,更加准确地了解项目的开发质量和状态,以及整个团队的工作效率。

（2）项目管理者,可以针对登记进 JIRA 系统中的问题进行评估,分配缺陷;还可以通过 JIRA 系统的统计报告了解项目进展情况以及团队的工作量、工作效率等信息。

（3）开发人员,在 JIRA 系统中查看分配给自己的问题,并及时进行处理,填写处理情况并提交工作量记录。

（4）测试人员,根据测试情况,在 JIRA 系统中及时快速地记录问题并对开发人员处理后的问题进行验证和跟踪。

8.8.2 JIRA 安装

JIRA 是一个简单易用的 issue 管理和跟踪的工具,运行在 Java 平台上。下载和安装都很容易,按照安装文档,只需要十几分钟就可以搞定,而且还可以为 JIRA 配置单独的外包数据库（可以使用的数据库有 MySQL、MS SQL、Oracle 等）。

安装好之后就首先要在服务器上通过 http://localhost:8080 来对服务进行配置（8080 是 JIRA 的默认端口）。具体步骤如下。

第一个步骤是配置 JIRA 系统的属性,如图 8-2 所示。

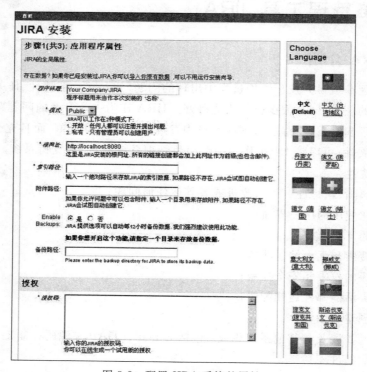

图 8-2　配置 JIRA 系统的属性

第二个步骤是配置 JIRA 系统管理员的信息，如图 8-3 所示。

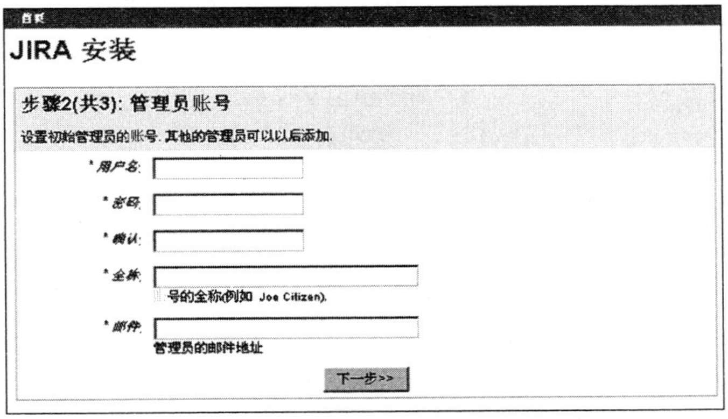

图 8-3　配置 JIRA 系统管理员信息

第三个步骤是配置 JIRA 系统的邮件通知参数，如图 8-4 所示。

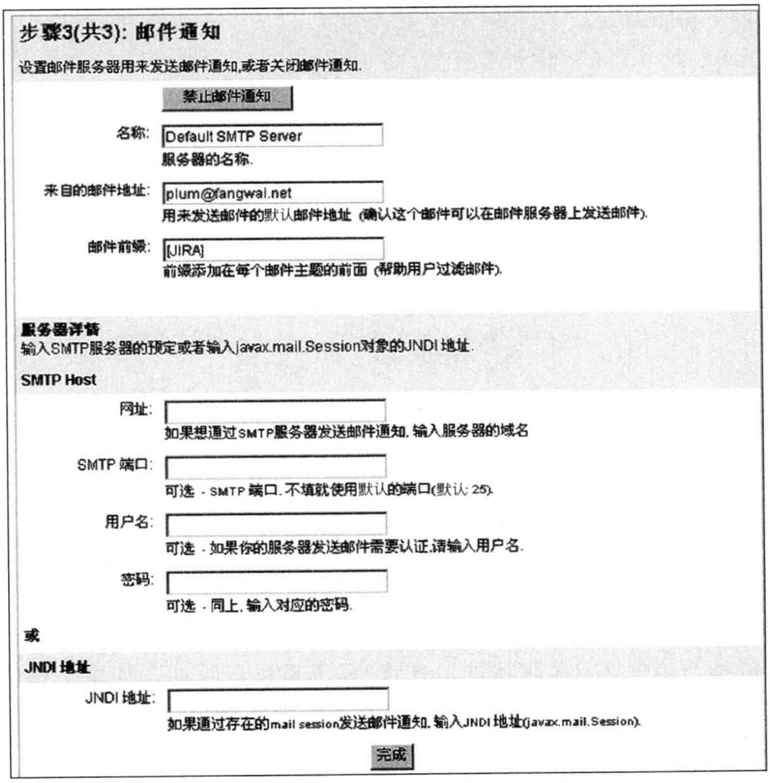

图 8-4　配置 JIRA 系统的邮件通知参数

8.8.3　JIRA 用户使用

登录与注册，在成功安装配置完成的界面上单击"登录到 JIRA"，就会看到 JIRA 的登录界面，如图 8-5 所示。

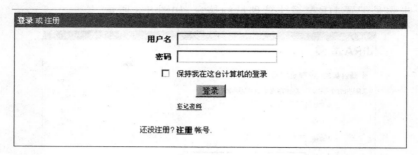

图 8-5　登录

8.8.4　JIRA 后台使用

以管理员的账户进入 JIRA 管理后台如图，如图 8-6 所示。

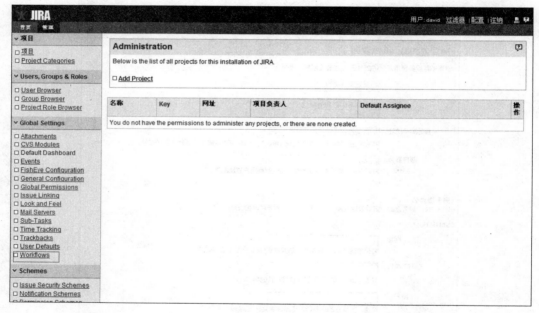

图 8-6　后台

单击 Workflows 进入 Workflows 页面如图，如图 8-7 所示。

以上框住的地方就是 JIRA 默认的工作流，是不可以删除的。如果不想使用 JIRA 默认的工作流，可以创建一个适合的工作流。创建一个新的工作流，第一步当然是要给工作流取一个名称，如图 8-8 所示。

增加完制定的工作。先设计一个工作流出来当一个例子，然后就按以下的流程图去配置 JIRA 工作流，如图 8-9 所示。

从流程图中看到，Bug 的状态分别是：新建、打开、推迟、指派、已解决、重开、关闭。然后可以知道状态的转变如图 8-10 所示。

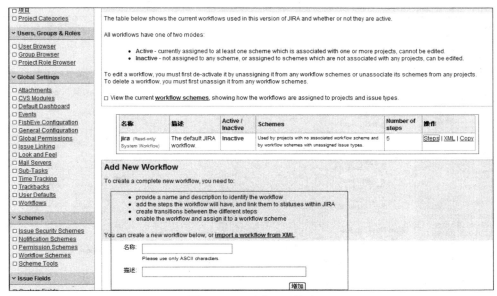

图 8-7　Workflows 页面

图 8-8　给工作流取名

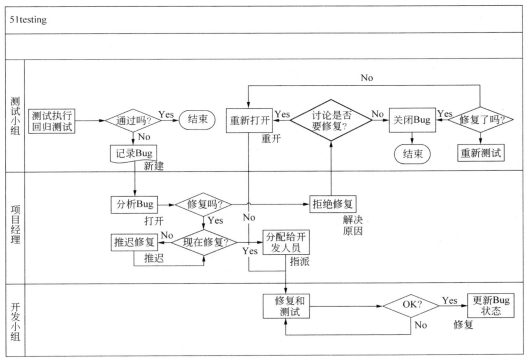

图 8-9　配置 JIRA 工作流

图 8-10　状态的转变

再回来 Workflows 页面,如图 8-11 所示。

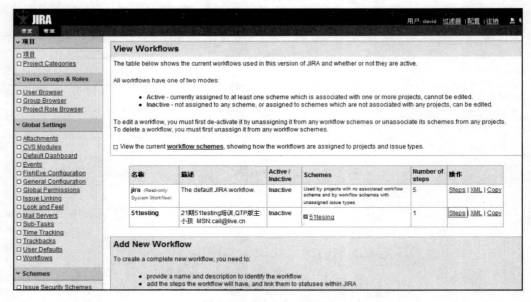

图 8-11　Workflows 页面

设置完后,就在后台界面显示制定的工作流,如图 8-12 所示。

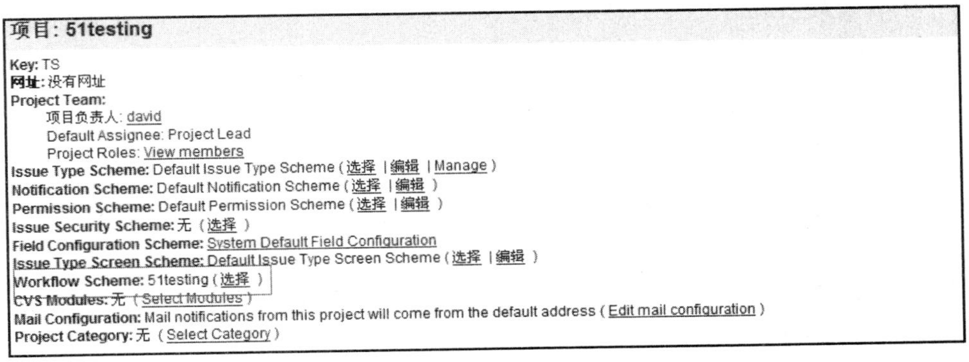

图 8-12　后台界面显示制定的工作流

本章小结

　　本章主要介绍了 Bug 的影响、Bug 的产生、Bug 如何穿透测试、Bug 的种类、Bug 生命周期、Bug 关键字、Bug 的管理等相关问题,并对 Bug 的处理流程进行详细的描述。明确了整个 Bug 产生的情况和来源。介绍了缺陷管理工具 JIRA,让测试人员和开发人员能更好地理解 Bug 所具备的属性,为在以后项目中能更好地找出缺陷。

练习题

一、判断题

1. 开发人员编写的代码没有缺陷。　　　　　　　　　　　　　　　　　　　　(　　)

2. 缺陷的跟踪和管理不需要测试人员参与。　　　　　　　　　　　　　　　　(　　)

3. 测试人员提交一个 bug 的状态可以标志为:fixed。　　　　　　　　　　　　(　　)

4. 缺陷生命周期在整个缺陷管理中不存在状态的转换。　　　　　　　　　　　(　　)

5. immediate 在缺陷中表示不需要马上解决。　　　　　　　　　　　　　　　(　　)

二、选择题

1. 测试人员发现一个新 bug,则将其状态置为(　　　　),由项目经理或者测试经理审核该 bug 是否为真正的缺陷,如果是则将 bug 状态置为(　　　　)。

　　A. new　　　　　　　　B. reopen　　　　　　　C. open　　　　　　　D. close

2. fixed 的意思是指(　　　　)。

　　A. 该 Bug 被正确修复了,并且得到了测试人员的确认

　　B. 该 Bug 被拒绝了,并且得到了测试人员的确认

　　C. 该 Bug 没有被修复,并且得到了测试人员的确认

　　D. 该 Bug 被关闭了,并且得到了测试人员的确认

3. 分析、设计阶段的 Bug 主要来源于(   )。

   A. 混乱设计   B. 需求不明确   C. 配置   D. 代码

4. 在修复缺陷的过程中,wontfix 代表(   )。

   A. 不修复   B. 下个版本修改   C. 延迟   D. 无法修复

5. 实现阶段的 Bug 来源于(   )。

   A. 功能遗漏   B. 模糊设计   C. 配置   D. 文档

三、简答题

1. Bug 是如何产生的?

2. 请描述 Bug 的处理流程。

3. Bug 的分类有哪些?

第9章　项目质量保证

本章目标

- 熟悉项目质量保证的活动
- 掌握项目质量保证的技术、方法
- 了解项目质量保证的依据及成果

本章单词

SQA：_____　　QA：_____

QC：_____　　SEPG：_____

软件质量保证(SQA)是建立一套有计划、有系统的方法,来向管理层保证并拟定出的标准、步骤、实践和方法能够正确地被所有项目所采用。软件质量保证的目的是使软件过程对于管理人员来说是可见的。它通过对软件产品和活动进行评审和审计来验证软件是合乎标准的。软件质量保证组在项目开始时就一起参与建立计划、标准和过程。这些将使软件项目满足机构方针的要求。

9.1 软件质量保证的理论探索

9.1.1 软件质量保证过程的认识

我们都知道一个项目的主要内容是:成本、进度、质量;良好的项目管理就是综合三方面的因素,平衡三方面的目标,最终依照目标完成任务。项目的这三个方面是相互制约和相互影响的。有时对这三方面的平衡策略甚至成为一个企业级的要求,决定了企业的行为。我们知道 IBM 的软件是以质量为最重要目标的,而微软的"足够好的软件"策略更是耳熟能详,这些质量目标其实立足于企业的战略目标。所以用于进行质量保证的 SQA 工作也应当立足于企业的战略目标,从这个角度思考 SQA,形成对 SQA 的理论认识。

软件界已经达成共识:影响软件项目进度、成本、质量的因素主要是"人、过程、技术"。首先要明确的是这三个因素中,人是第一位的。

现在许多实施 CMM 的人员沉溺于 CMM 的理论,过于强调"过程",这是很危险的倾向。这个思想倾向在国外受到了猛烈抨击,从某种意义上各种敏捷过程方法的提出就是对强调过程的一种反思。"XP"中的一个思想"人比过程更重要"是值得我们思考的。我个人的意见在进行过程改进中坚持"以人为本",强调过程和人的和谐。

根据现代软件工程对众多失败项目的调查,发现管理是项目失败的主要原因。这个事实的重要性在于说明了"要保证项目不失败,我们应当更加关注管理",注意这个事实没有说明另外一个问题"良好的管理可以保证项目的成功"。现在很多人基于一种粗糙的逻辑,从一个事实反推到的这个结论,在逻辑上是错误的,这种错误形成了更加错误的做法,这点在 SQA 的理解上体现较深。

如果我们考察一下历史的沿革,应当更加容易理解 CMM 的本质。CMM 首先是作为一个"评估标准"出现的,主要评估的是美国国防部供应商保证质量的能力。CMM(软件能力成熟度模型)关注的软件生产有如下特点:

(1)强调质量的重要性;

(2)适合规模较大的项目。

这是 CMM 产生的原因。它引入了"全面质量管理"的思想,尤其侧重了"全面质量管理"中的"过程方法",并且引入了"统计过程控制"的方法。可以说这两个思想是 CMM 背后的基础。

上面这些内容形成了我们对软件过程地位、价值的基本理解;在这个基础上我们可以引申讨论 SQA。

9.1.2　生产线的隐喻

如果将一个软件生产类比于一个工厂的生产。那么生产线就是过程,产品按照生产线的规定过程进行生产,SQA 的职责就是保证过程的执行,也就是保证生产线的正常执行。

抽象出管理体系模型的如下,这个模型说明了一个过程体系至少应当包含"决策、执行、反馈"三个重要方面。

SQA 人员的职责就是确保过程的有效执行,监督项目按照过程进行项目活动;它不负责监管产品的质量,不负责向管理层提供项目的情况,不负责代表管理层进行管理,只是代表管理层来保证过程的执行。

9.1.3　SQA 和其他工作的组合

在很多企业中,将 SQA 的工作和 QC、SEPG、组织级的项目管理者的工作混合在一起了,有时甚至更加注重其他方面的工作而没有做好 SQA 的本职工作。

中国现在基本有三种 QA(按照工作重点不同来分):一是过程改进型,二是配置管理型,三是测试型。我们认为是因为 SQA 工作和其他不同工作组合在一起形成的。

9.1.4　QA 和 QC

1. 定义

(1) QA 英文 quality assurance 的简称,中文意思是品质保证,其在 ISO 8402—1994 中的定义是"为了提供足够的信任表明实体能够满足品质要求,而在品质管理体系中实施并根据需要进行证实的全部有计划和有系统的活动"。

(2) QC 英文 quality control 的简称,中文意义是品质控制,其在 ISO 8402—1994 的定义是"为达到品质要求所采取的作业技术和活动"。

2. 两者基本职责

(1) QC:检验产品的质量,保证产品符合客户的需求,是产品质量检查者。

(2) QA:审计过程的质量,保证过程被正确执行,是过程质量审计者。

注意检查和审计的区别如下。

(1) 检查:就是我们常说的找问题,是挑毛病的;

(2) 审计:来确认项目按照要求进行的证据;仔细看看 CMM 中各个 KPA 中 SQA 的检查采用的术语大量用到了"证实",审计的内容主要是过程的;对照 CMM 看一下项目经理和高级管理者的审查内容,他们更加关注具体内容。

对照上面的管理体系模型,QC 进行质量控制,向管理层反馈质量信息;QA 则确保 QC 按照过程进行质量控制活动,按照过程将检查结果向管理层汇报。这就是 QA 和 QC 工作的关系。

在这样的分工原则下,QA 只要检查项目按照过程进行了某项活动没有,产出了某个产品没有;而 QC 来检查产品是否符合质量要求。

如果企业原来具有 QC 人员并且 QA 人员配备不足,可以先确定由 QC 兼任 QA 工作。但是只能是暂时的,独立的 QA 人员应当具备,因为 QC 工作也是要遵循过程要求的,也是要被审计过程的。这种混合情况,难以保证 QC 工作的过程质量。

9.1.5 QA 和 SEPG

1. 定义

SEPG 是 software engineering process group 的简称,即软件工程过程小组,是软件工程的一个重要组成部分。

2. 两者基本职责

(1) SEPG:制定过程,实施过程改进。

(2) QA:确保过程被正确执行。

SEPG 应当提供过程上的指导,帮助项目组制定项目过程,帮助项目组进行策划;从而帮助项目组有效地工作,有效地执行过程。如果项目和 QA 对过程的理解发生争持,SEPG 作为最终仲裁者,为了进行有效过程改进,SEPG 必须分析项目的数据。

QA 也要进行过程规范,那么所有 QA 中最有经验、最有能力的 QA 可以参加 SEPG,但是要注意这两者的区别。

如果企业的 SEPG 人员具有较为深厚的开发背景,可以兼任 SQA 工作,这样利于过程的不断改进;但是由于立法、执法集于一身也容易造成 SQA 过于强势,影响项目的独立性。

管理过程比较成熟的企业,因为企业的文化和管理机制已经健全,SQA 职责范围的工作较少,往往只是针对具体项目制定明确重点的 SQA 计划,这样 SQA 的审计工作会大大减少,从而可以同时审计较多项目。

另一方面,由于分工的细致化、管理体系的复杂化,往往需要专职的 SEPG 人员。这些人员要求了解企业的所有管理过程和运作情况,在这个基础上才能统筹全局的进行过程改进。这时了解全局的 SQA 人员就是专职 SEPG 的主要人选,这些 SQA 人员将逐渐转化为 SEPG 人员,并且更加了解管理知识,而 SQA 工作渐渐成为他们的兼职工作。

这种情况在许多 CMM5 企业比较多见,往往有时看不见 SQA 人员在项目组出现或者很少出现,这种 SEPG 和 SQA 的融合特别有利于组织的过程改进工作。SEPG 确定过程改进内容,SQA 计划重点反映这些改进内容,从保证有效地改进,特别有利于达到 CMM5 的要求。从这个角度,国外的 SQA 人员为什么高薪就不难理解了。

9.1.6 QA 和组织级的监督管理

有的企业为了更好地监督管理项目,建立了一个角色,我取名为"组织级的监督管理者",他们的职责是对所有项目进行统一地跟踪、监督、管理,来保证管理层对所有项目的可视性、可管理性。

为了有效管理项目,"组织级的监督管理者"必须分析项目的数据,如图 9-1 所示。

他们的职责对照图 9-1 的模型,就是执行"反馈"职能。

QA 本身不进行反馈工作,最多对过程执行情况的信息进行反馈。

SQA 职责最好不要和"组织级的项目管理者"的职责混合在一起。

SAQ 困境:一方面 SQA 不能准确定位自己的工作;另一方面过程执行者对 SQA 人员抱有较大戒心。

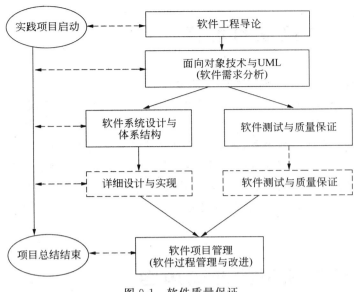

图 9-1　软件质量保证

如果建立了较好的管理过程,那么就会增强项目的可视性,从而保证企业对所有项目的较好管理;而 QA 来确保这个管理过程的运行。

9.2　软件质量保证的工作内容和工作方法

9.2.1　计划

针对具体项目制订 SQA 计划,确保项目组正确执行过程。制订 SQA 计划应当注意如下几点。

(1) 有明确重点:依据企业目标以及项目情况确定审计的重点。

(2) 有明确审计内容:明确审计哪些活动,哪些产品。

(3) 有明确审计方式:确定怎样进行审计。

(4) 有明确审计结果报告的规则:审计的结果报告给谁。

9.2.2　审计/证实

依据 SQA 计划进行 SQA 审计工作,按照规则发布审计结果报告。

注意审计一定要有项目组人员陪同,不能搞突然袭击。双方要开诚布公,坦诚相对。

审计的内容:是否按照过程要求执行了相应活动,是否按照过程要求产生了相应产品。

9.2.3　问题跟踪

对审计中发现的问题,要求项目组改进,并跟进直到解决。

9.3　软件质量保证的素质

在软件质量保证过程中对质量保证人员素质要求主要如下。

（1）过程为中心的思想：应当站在过程的角度来考虑问题，只要保证了过程，QA 就尽到了责任。

（2）服务精神：为项目组服务，帮助和确保项目组能正确执行过程。

（3）了解过程：深刻了解企业的项目，并具有一定的过程管理理论知识。

（4）了解开发：对开发工作的基本情况了解，能够理解项目各个阶段的活动。

（5）沟通技巧：善于沟通，能够营造良好的气氛，避免审计活动成为一种找茬活动，避免不必要的矛盾。

9.4　软件质量保证的活动内容

软件质量保证（SQA）是一种应用于整个软件过程的活动，它包含以下几点。

（1）一套完整的质量管理方法；

（2）有效的软件工程技术（方法和工具）；

（3）在整个软件过程中采用正式的质量保证技术评审；

（4）一种多层次的测试策略；

（5）对软件文档及其修改的控制；

（6）保证软件遵从软件开发标准；

（7）一套完善的度量和报告机制。

SQA 与两种不同的参与者相关 —— 做技术工作的软件工程师和负责质量保证的计划、监督、记录、分析及报告工作的 SQA 小组。

软件工程师通过采用可靠的技术方法和措施，进行正式的技术评审，执行计划周密的软件测试来考虑质量问题，并完成软件质量保证和质量控制活动。

SQA 小组的职责是辅助软件工程小组得到高质量的最终产品。SQA 小组完成以下工作。

（1）为项目准备 SQA 计划。该计划在制定项目规定项目计划时确定，由所有感兴趣的相关部门评审。具体包括：

① 需要进行的审计和评审；

② 项目可采用的标准；

③ 错误报告和跟踪的规程；

④ 由 SQA 小组产生的文档；

⑤ 向软件项目组提供的反馈数量。

（2）参与开发项目的软件过程描述。评审过程描述以保证该过程与组织政策、内部软件标准、外界标准以及项目计划的其他部分相符。

（3）评审各项软件工程活动，对其是否符合定义好的软件过程进行核实、记录、跟踪与过程的偏差。

（4）审计指定的软件工作产品，对其是否符合事先定义好的需求进行核实。对产品进行评审、识别、记录和跟踪出现的偏差；对是否已经改正进行核实；定期将工作结果向项目管理者报告。

（5）确保软件工作及产品中的偏差已记录在案，并根据预定的规程进行处理。

（6）记录所有不符合的部分并报告给高层领导者。

9.5　软件质量保证正式的技术评审

正式技术评审（FTR）是一种由软件工程师和其他人进行的软件质量保障活动。

1. 目标

（1）发现功能、逻辑或实现的错误；

（2）证实经过评审的软件的确满足需求；

（3）保证软件的表示符合预定义的标准；

（4）得到一种一致的方式开发的软件；

（5）使项目更易管理。

2. 评审会议

3～5 人参加，不超过 2 小时，由评审主席、评审者和生产者参加，必须做出下列决定中的一个。

（1）工作产品可不可以不经修改而被接受；

（2）由于严重错误而否决工作产品；

（3）暂时可以接受工作产品。

3. 评审总结报告、结果

评审什么？由谁评审？结论是什么？

评审总结报告是项目历史记录的一部分，标识产品中存在问题的区域，作为行政条目检查表以指导生产者进行改正。

4. 评审指导原则

关于评审指导原则具体有如下几项。

（1）评审产品，而不是评审生产者。注意客气地指出错误，气氛轻松，避免不必要的矛盾；

（2）不要离题，限制争论，有异议的问题不要争论但要记录在案；

（3）对各个问题都发表见解，问题解决应该放到评审会议之后进行；

（4）为每个要评审的工作产品建立一个检查表。应为分析、设计、编码、测试文档都建立检查表；

（5）分配资源和时间，应该将评审作为软件工程任务加以调度；

（6）评审以前所做的评审。

9.6 软件质量保证统计

1. 对所有错误进行分类统计

分类统计包括如下内容。

（1）规约不完整或规格说明错误；

（2）未理解用户意图的错误；

（3）故意偏离规格说明的错误；

（4）违背编程标准的错误；

（5）数据表示有错；

（6）构件接口不一致的错误；

（7）设计逻辑有错；

（8）测试不完全或有错；

（9）不准确或不完整的文档错误；

（10）设计的程序设计语言翻译的错误；

（11）不清晰或不一致的人机界面；

（12）杂项错误等。

按严重、一般和微小级别统计各类错误的次数所占百分比，以及所有错误的数量及百分比。

2. 根据软件过程中的每个步骤计算错误指标

公式及定义如下。

（1）E_i：第 i 发现的错误总数

（2）S_i：严重错误数

（3）M_i：一般错误数

（4）T_i：微小错误数

（5）PS：第 i 步的产品规模（LOC、设计陈述、文档页数）

（6）W_s、W_m、W_t 分别是严重、一般、微小错误的加权因子。推荐取值：$W_s=10$，$W_m=3$，$W_t=1$

软件工程在过程的每一步中，计算各阶段的阶段指标如下。

$$PI_i = W_s(S_i/E_i) + W_m(M_i/E_i) + W_t(T_i/E_i)$$

错误指标为

$$E_i = \sum(i \times PI_i)/PS$$
$$= (PI_1 + 2PI_2 + 3PI_3 + \cdots + i \times PI_i)/PS$$

9.7 质量保证与检验

确保每个开发过程的质量，防止把软件差错传播到下一个过程。因此，检验的目的有两个：

（1）切实搞好开发阶段的管理,检查各开发阶段的质量保证;

（2）预先防止软件差错给用户造成损失。

检验的类型有以下 4 种。

1. 供货检验

对委托外单位承担开发作业、而后买进或转让的构成软件产品的部件、规格说明、半成品或产品的检查。

2. 中间检验/阶段评审

目的是为了判断是否可进入下阶段进行后续开发,避免将差错传播到后续工作中。

3. 验收检验

确认产品是否已达到可以进行产品检验的质量要求。

4. 产品检验

判定向用户提供的软件产品是否达到令人满意的程度。

9.8　软件质量保证检验项目的内容

1. 需求分析

需求分析→功能设计→实施计划

检查的内容:开发目的;目标值;开发量;所需资源;各阶段的产品作业内容及开发体制的合理性。

2. 设计

结构设计→数据设计→过程设计

检查的内容:产品的计划量与实际量;评审量;差错数;评审方法,出错导因及处理情况,阶段结束的判断标准。

3. 实现

程序编制→单元测试→集成测试→确认测试

检查内容除上述外,增加测试环境及测试用例设计方法。

4. 验收

检查的内容:说明书检查;程序检查。

五个实施步骤如下。

（1）Target:以用户需求和开发任务为依据,对质量需求准则,质量设计准则的质量特性设定质量目标进行评价。

（2）Plan:设定适合于待开发软件的评测检查项目,一般设定 20～30 个。

（3）Do:在开发标准和质量评价准则的指导下,制作高质量的规格说明书和程序。

（4）Check:以 Plan 阶段设定的质量评价准则进行评价,算出得分,以质量图的形成表示出来,比较评价结果的质量得分和质量目标看其是否合格。

（5）Action:对评价发现的问题进行改进活动,重复 Plan 到 Action 的过程直到开发项目完成。

9.9　ISO 9000 软件质量标准的了解

ISO 9000 是指质量管理体系标准，它不是指一个标准，而是一组标准的统称。ISO 9000 是由 TC176（TC176 指质量管理体系技术委员会）制定的所有国际标准。ISO 9000 是 ISO 发布之 12000 多个标准中最畅销、最普遍的产品。

ISO（国际标准化组织）和 IAF（国际认可论坛）于 2008 年 8 月 20 日发布联合公报，一致同意平稳转换全球应用最广的质量管理体系标准，实施 ISO 9001—2008 认证。

2000 版 ISO 9000 标准包括以下一组密切相关的质量管理体系核心标准。

（1）ISO 9000《质量管理体系结构 基础和术语》，表述质量管理体系基础知识，并规定质量管理体系术语。

（2）ISO 9001《质量管理体系 要求》，规定质量管理体系要求，用于证实组织具有提供满足顾客要求和适用法规要求的产品的能力，目的在于增加顾客满意度。

（3）ISO 9004《质量管理体系 业绩改进指南》，提供考虑质量管理体系的有效性和效率两方面的指南。该标准的目的是促进组织业绩改进和使顾客及其他相关方满意。

ISO 9000 标准被很多国家采用，包括欧盟的所有成员，加拿大、墨西哥、美国、澳大利亚、新西兰和太平洋区域。为了注册成为 ISO 9000 中包含的质量保证系统模型中的一种，一个公司的质量系统和操作应该由第三方审计者仔细检查，查看其标准的符合性以及操作的有效性。成功注册之后，这一公司将收到由审计者所代表的注册实体颁发的证书。此后，每半年进行一次检查性审计。

ISO 9001 是应用于软件工程质量保证标准。这一标准中包含了高效的质量保证系统必须体现的 20 条需求。因为 ISO 9001 标准，适用于所有的工程行业，因此，为帮助解释该标准在软件过程中的使用而专门开发了一个 ISO 指南的子集 ISO 9000—3。

ISO 9001 描述的需求涉及管理责任、质量系统、合约评审、设计控制、文档和数据控制、产品标识和跟踪、过程和控制、审查和测试、纠正和预防性动作、质量控制记录、内部质量审计、培训、服务以及统计技术的主题。

本章小结

本章主要介绍什么是软件质量保证的基础知识与概念及相应 SQA 的工作内容和工作方法、SQA 所需的素质、软件质量保证正式技术评审的相关活动和检验项目内容。

软件质量保证（SQA）是建立一套有计划、有系统的方法，来向管理层保证并拟定出的标准、步骤、实践和方法能够正确地被所有项目所采用。

QA 是英文 quality assurance 的简称，中文意思是品质保证，它在 ISO 8402—1994 中的定义是"为了提供足够的信任表明实体能够满足品质要求，而在品质管理体系中实施并根据需要进行证实的全部有计划和有系统的活动"。

QC 是英文 quality control 的简称，中文意义是品质控制，它在 ISO 8402—1994 的定义是"为达到品质要求所采取的作业技术和活动"。

SEPG 是 software engineering process group 的简称,即软件工程过程小组,是软件工程的一个重要组成部分。

FTR 的意思是正式技术评审,是一种由软件工程师和其他人进行的软件质量保障活动。

练习题

一、判断题

1. 软件质量保证(SQA)是建立一套有计划、有系统的方法,来向管理层保证并拟定出的标准、步骤、实践和方法能够正确地被所有项目所采用。　　　　　　　　　　　　(　　)

2. ISO 9000 是指质量管理体系标准,它是指一个标准的统称。　　　　　　　(　　)

3. QC 的主要工作职责是检验产品的质量,保证产品符合客户的需求。　　　(　　)

4. QA 的主要工作职责是检验产品的质量,保证产品符合客户的需求。　　　(　　)

5. FTR 的意思是正式技术评审,是一种由软件工程师和其他人进行的软件质量保障活动。　　　　　　　　　　　　　　　　　　　　　　　　　　　　　　　　　　(　　)

二、选择题

1. SQA 项目检查内容中验收的检查内容是(　　)。
  A. 说明书　　　　　B. 程序　　　　　C. 测试文档　　　　D. 需求

2. SQA 的项目中正式的技术评审的评审会议一般由(　　)人参与。
  A. 10～11　　　　　B. 5～10　　　　　C. 3～5　　　　　　D. 5～8

3. M_i 表示(　　)。
  A. 较多错误数　　　B. 严重错误数　　　C. 微小错误数　　　D. 一般错误数

4. S_i 表示(　　)。
  A. 较多错误数　　　B. 严重错误数　　　C. 微小错误数　　　D. 一般错误数

5. T_i 表示(　　)。
  A. 较多错误数　　　B. 严重错误数　　　C. 微小错误数　　　D. 一般错误数

三、简答题

1. 软件质量保证所需要哪些素质?

2. 软件质量保证活动的活动内容是什么?

3. 在质量保证中,检查和审计有什么区别?

第 10 章　项目质量控制

本章目标

- 掌握项目质量控制基本概念
- 掌握项目质量控制的内容及过程的基本步骤
- 熟悉质量控制的方法、技术和工具
- 了解质量控制的依据及成果

本章单词

production：_____　　process：_____

resource：_____　　check：_____

在国内软件业日益兴旺发展的过程中,软件质量保证体系的建立成为绝大多数中小型软件企业的迫切需要。许多软件公司并不真正懂得如何在开发过程中正确地应用和实施软件工程及质量保证的具体方法。在大多数以技术人员为主的新型科技公司内,质量保证活动仍然只由承担开发任务的程序员进行。个人技术能力的高低决定了产品的质量水平,而且相当数量的软件开发人员包括管理者仍然相信软件质量是在编码之后才应该开始担心的事情。根据笔者多年在 IT 行业工作的经历和对软件行业中各种类型企业的观察发现,国内在系统工程软件领域中较少有能够活跃在全国市场甚至是跨多个地区市场的公司出现。造成这一现象的原因主要有销售能力限制、市场不规范和行业发展起步较晚等,但我认为更重要的原因是由于软件开发过程的不规范而造成的后期修改维护成本过高。越来越多的业界资深管理者已经意识到软件质量保证和相关的规范化开发体制是公司降低整体成本和经营风险的最重要的环节。

10.1　项目质量控制的定义、目的和必要性

软件项目质量管理,是贯穿整个软件生命周期的重要工作,是软件项目顺利实施并成功完成的可靠保证。随着软件开发技术的发展和信息技术的广泛应用,软件项目质量管理越来越受到重视。实现软件项目质量管理与国际标准接轨,加强软件管理,改善软件开发过程,提高软件质量,已成为软件行业面临的巨大难题。通过软件质量控制,提高软件产品的生产可靠性、降低软件产品的开发成本。高质量的软件离不开有效的管理和控制。质量和成本,是衡量项目成功与否的两个关键因素,通过质量控制也能降低项目成本。Donald Reifer 给出软件质量控制的定义:软件质量控制是一系列验证活动,在一系列的控制活动中采取有效措施,在软件开发过程的各个监测点上,评估开发出来的阶段性产品是否符合技术规范。质量控制是软件项目管理的重要工作。

1. 项目质量控制的目的

(1) 从项目整体出发,通过对项目质量的控制,达到对项目整体质量的全面保证。

(2) 从项目过程出发,通过对项目过程的控制,达到及时发现异常,及时采取纠正措施,通过过程控制最终确保质量符合预期要求。

(3) 通过质量控制管理,达到降低质量成本,减少质量风险,最终达到客户满意的目的。

2. 项目质量控制的必要性

(1) 项目进行过程中的质量控制,为整个项目的实施和完成提供了质量保证。

(2) 项目过程中的质量控制,可以有效避免由于质量问题引起的质量成本损失。

(3) 质量控制的好坏直接影响到项目整体管理的成效。

(4) 通过质量控制,可以有效地控制项目实施过程中的潜在威胁,为后续制程提供相应的质量保证。

(5) 有效地进行质量控制是确保产品质量、提升产品品质、促使企业发展、赢得市场、获得利润的核心。

10.2　质量控制的内容及过程

全面质量控制过程,就是质量计划的制定和组织实现过程。由休哈特(Walter A. Shewhart)提出构想,经过著名质量管理专家戴明(Edwards Deming)的深化和发展,总结出管理学的通用模型,称为戴明环,在很多资料上也称为 PDCA 循环。

1. 质量控制要素

软件项目质量控制的三大要素是产品、过程和资源,需要不断进行调整和检查。三大要素表述如下。

(1) 产品(production)。一个过程的输出产品,不会比输入产品的质量更高,如果输入产品有缺陷,会在后续产品中放大,并影响最终产品质量。软件产品中的各个部件和模块,必须达到预定的质量要求,特别需要保证各模块共用的 API 和基础类库的质量,否则各个模块集成以后的缺陷会成倍放大,并且难以定位,修复成本也会大大增加。

(2) 过程(process)。软件项目过程分为两类:一类是技术过程,包括需求分析、架构设计、编码实现等;另一类是管理过程,包括技术评审、配置管理、软件测试等。技术过程进行质量设计并构造产品,同时会引入缺陷,因此技术过程直接决定了软件质量特性;管理过程对质量过程进行检查和验证,发现问题并进行纠正,间接地决定了最终产品质量。因此,技术过程和管理过程都对软件质量有重要影响。

(3) 资源(resource)。软件项目中的资源包括:人、时间、设备和资金等,资源的数量和质量都影响软件产品质量。软件是智力高度集中的产品,人是决定性因素,软件开发人员的知识、经验、能力、态度,都会对产品质量产生直接影响。在大多数情况下,项目的时间和资金都是有限的,构成了制约软件质量的关键因素。而设备和环境不足也会直接导致软件质量低下。

2. 质量控制模型结构

将 PDCA 循环用于质量控制模型结构如图 10-1 所示。

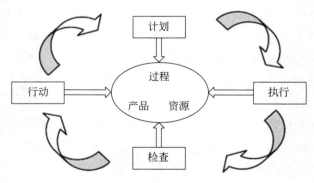

图 10-1　质量控制模型

PDCA 包括 4 个过程 8 个阶段。

(1) 计划(plan)。分析现状、发现问题、找出原因,制定相应的质量方针、目标、计划和原则。该阶段包括 4 个阶段,即找出问题、找出原因、找出要因、制订计划。

（2）执行(do)。根据计划实施,执行计划中规定的各项活动。该阶段包括一个阶段,即执行计划。

（3）检查(check)。对执行的结果进行检查、审核和评估,收集数据并进行分析,度量工作的质量,发现存在的问题。该阶段包括一个阶段,即检查结果。

（4）行动(action)。针对检查中发现的问题,采取相应的改进措施纠正偏差。总结成功经验,吸取失败教训,形成标准和规范指导以后的工作,通过行动提高并升华。该阶段包括两个阶段,即总结经验、提出新问题。

软件在组织实施软件项目的过程中,对项目的监控从 3 个角度着手实施。

（1）建立符合软件工程和软件项目管理流程要求的实用软件项目运行环境。包括:明确的过程流程、项目策划、组织支撑环境。

（2）优秀的项目经理和质量保证经理构成项目的第一责任人。软件采用双过程经理制,项目经理和软件质量保证经理构成软件项目的灵魂人物。

（3）项目沟通。项目计划、进度和项目范围必须能够被项目成员方便地得到,以确保大家是在统一的平台上朝着同一个目标前进。为此,在软件开发项目实施过程中应从以下三个方面展开工作以建立项目组内部、公司全局、项目组与项目方的沟通机制。

① 采用适当的图表和模板增强项目组内沟通效果和沟通的一致性;

② 采用协同开发软件工具内部统一的消息平台;

③ 项目策划中必须包括与项目方的适当沟通并建立沟通渠道。

项目质量控制的结果是项目质量控制和质量保障工作所形成的综合结果,是项目质量管理全部工作的综合结果。这种结果的主要内容包括以下几点。

（1）项目质量的改进

项目质量的改进是指通过项目质量管理与控制所带来的项目质量提高。项目质量改进是项目质量控制和保障工作共同作用的结果,也是项目质量控制最为重要的一项结果。

（2）对于项目质量的接受

对于项目质量的接受包括两个方面:一是指项目质量控制人员根据项目质量标准对已完成的项目结果进行检验后对该项结果所做出的接受和认可;二是指项目业主/客户或其代理人根据项目总体质量标准对已完成项目工作结果进行检验后做出的接受和认可。一旦做出了接受项目质量的决定,就表示一项工作或一个项目已经完成并达到了项目质量要求,如果做出不接受的决定就应要求项目返工和恢复并达到项目质量要求。

（3）返工

返工是指在项目质量控制中发现某项工作存在着质量问题并且其工作结果无法接受时,将有缺陷或不符合要求的项目工作结果重新变为符合质量要求的一种工作。返工既是项目质量控制的一个结果,也是项目质量控制的一种工作和方法。

返工的原因一般有三个:①项目质量计划考虑不周;②项目质量保障不力;③出现意外变故。

返工所带来的不良后果主要也有三个:延误项目进度;增加项目成本;影响项目形象。

有时重大或多次的项目返工会导致整个项目成本突破预算,并且无法在批准工期内完成项目工作。在项目质量管理中返工是最严重的后果之一,项目团队应尽力避免返工。

（4）核检结束清单

这也是项目质量控制工作的一种结果。当使用核检清单开展项目质量控制时,已经完成了核检的工作清单纪录是项目质量控制报告的一部分。这一项目质量控制工作的结果通常可以作为历史信息使用,以便对下一步项目质量控制所做的调整和改进提供依据和信息。

（5）项目调整和变更

项目调整和变更是项目质量控制的一种阶段性和整体性的结果。它是指根据项目质量控制的结果和面临的问题（一般是比较严重的,或事关全局性的项目质量问题）,或者是根据项目各相关利益者提出的项目质量变更请求,对整个项目的过程或活动所采取的调整、变更和纠偏行动。在某些情况下,项目调整和变更是不可避免的。例如,当发生了严重质量问题而无法通过返工修复项目质量时;当发生了重要意外而进行项目变更时都会出现项目调整的结果。

10.3 质量控制的方法、技术和工具

支持质量控制的工具及方法有很多,核检清单法、质量检验法、控制图法、帕累托图法、统计样本法、流程图法、趋势分析法等,以下详细介绍几种主要方法。

（1）核检清单法

核检清单是项目质量控制中一种独特的结构化质量控制方法。

（2）质量检验法

质量检验是指那些测量、检验和测试等用于保证工作结果与质量要求相一致的质量控制方法。

（3）控制图法

控制图是用于开展项目质量控制的一种图示方法。控制图法是建立在统计质量管理方法基础之上的。它利用有效数据建立控制界限,如果项目过程不受异常原因的影响,从项目运行中观察得到的数据将不会超出这一界限。

（4）帕累托图法

帕累托（Pareto）图法是一种表明"关键的少数和次要的多数"关系的一种统计图表,它也是质量控制中经常使用的一种方法。帕累托图又叫排列图,它将有关质量问题的要素进行分类,从而找出"重要的少数"（A 类）,和"次要的多数"（C 类）,以便对这些要素采取 ABC 分类管理的方法。

（5）统计样本法

这是指选择一定数量的样本进行检验,从而推断总体的质量情况,以获得质量信息和开展质量控制的方法。

（6）流程图法

这种方法主要用于在项目质量控制中,有关分析项目质量问题发生在项目流程的哪个

环节和造成这些质量问题的原因以及这些质量问题发展和形成的过程。

（7）趋势分析法

趋势分析法是指使用各种预测分析技术来预测项目质量未来发展趋势和结果的一种质量控制方法。

10.4　质量控制的依据及成果

项目质量控制的依据有一些与项目质量保障的依据是相同的，有一些是不同的。项目质量控制的主要依据如下。

（1）项目质量计划

这与项目质量保障是一样的，这是在项目质量计划编制中所生成的计划文件。

（2）项目质量工作说明

这也是与项目质量保障的依据相同的，同样是在项目质量计划编制中所生成的工作文件。

（3）项目质量控制标准与要求

这是根据项目质量计划和项目质量工作说明，通过分析和设计而生成的项目质量控制的具体标准。项目质量控制标准与项目质量目标和项目质量计划指标是不同的，项目质量目标和计划给出的都是项目质量的最终要求，而项目质量控制标准是根据这些最终要求所制定的控制依据和控制参数。通常这些项目质量控制参数要比项目目标和依据更为精确、严格和有操作性，因为如果不能够更为精确与严格就会经常出现项目质量的失控状态，就会经常需要采用项目质量恢复措施，从而形成较高的项目质量成本。

（4）项目质量的实际结果

项目质量的实际结果包括项目实施的中间结果和项目的最终结果，同时还包括项目工作本身的好坏。项目质量实际结果的信息也是项目质量控制的重要依据，因为有了这类信息，人们才可能将项目质量实际情况与项目的质量要求和控制标准进行对照，从而发现项目质量问题，并采取项目质量纠偏措施，使项目质量保持在受控状态。

① 需求阶段质量控制。需求阶段的质量控制最重要的手段是要规范填写质量控制文档并进行评审。需求人员完成需求文档以后，填写需求《预审问题表》，如表 10-1 所示。

《预审问题表》提交给每个评审人员，进行需求文档评审。然后，质管人员根据评审结果，填写《需求分析过程检查表》，如表 10-2 所示。

在需求文档评审后，质管人员要进行问题跟踪，填写需求《评审问题跟踪表》，如表 10-3 所示，直到需求文档满足评审为止。

② 设计阶段质量控制。设计阶段的质量控制手段是要规范填写质量控制文档并进行设计文档的评审。项目设计人员完成设计文档后，填写设计《预审问题表》，设计《预审问题表》提交给每个评审人员，进行设计文档评审，然后质管人员根据评审结果填写《设计分析过程检查表》，如表 10-4 所示。

表 10-1　预审问题表

文档编号：			文件类型：	
编　　写：			审核：	
文件状态：		受控	受控范围：	公司

项目名称		项目编号	
评审时间		评审性质	预审
评审类别	〔　〕计划　〔√〕需求　〔　〕设计　〔　〕测试　〔　〕验收　〔　〕总结		
评审任务			

预审问题

No.	问题描述	需求编写者	评审员

表 10-2　需求分析过程检查表

检　查　内　容		实　施　情　况	评价（10 分制）
是否对项目的需求分析和管理活动分配任务和进度	□ 是	□ 项目开发计划书/项目开发计划表 □ 需求分析活动描述 □ 责任人	
	□ 否（说明原因）		
是否对用户的需求进行收集	□ 是	项目需求调研 □ 项目功能清单 □ 其他用户文档	
	□ 否（原因说明）		
	□ 可选		
是否对用户需求进行检查并与用户的一致	□ 是	□ 项目需求调研评审 □ 用户代表确认/签字 □ 项目经理确认/签字 □ 其他人员确认	
	□ 否（原因说明）		
	□ 可选		
系统分析人员是否接收过相关培训	□ 是	□ 已具备能力 □ 正式培训 □ 小组培训 □ 自学	
	□ 否（原因说明）		

续表

检　查　内　容		实　施　情　况	评价 （10 分制）
系统分析结果是否形成文档	□ 需求规格说明书/ 需求表	□ 评审问题清单（可选） □ 评审通知和确认表（可选） □ 项目评审表 □ 项目评审问题追踪表 □ 评审人员签字 □ 批准人确认/签字 □ 评审时间 □ 验证人签 □ SQA 人员验证	
	□ 系统功能清单		
	□ 否（原因说明）		
文档格式是否正确	□ 是	□ 文件编号 □ 配置项编号 □ 项目版本号 □ 审核人 □ 审核时间 □ 批准人 □ 批准时间 □ 符合模板	
	□ 否（说明原因）		
需求规格说明书是否按计划完成	□ 是	□ 按计划完成 　□ 提前完成并评审 　□ 按计划完成并评审 　□ 按计划完成,评审延迟 □ 未按计划完成,延迟____天 □ 采取纠正措施	
	□ 否（说明原因）		
需求是否被标识、管理、跟踪和关闭	□ 是	□ 需求跟踪矩阵表 　□ 需求被唯一标识 　□ 需求状态被描述 　□ 统计需求个数	
	□ 否（说明原因）		
	□ 没有变更		
作为潜在问题的需求,在需求说明书中是否被标识	□ 是	□ 潜在问题被描述 □ 潜在问题被追踪至关闭 □ 其他说明	
	□ 否（原因说明）		
	□ 不适用		
配置人员是否管理项目的配置情况	□ 是	□ 管理需求基线 □ SCM 基线报告（频率） □ 配置报告分发给相关人员	
	□ 否（说明原因）		
SQA 是否定期检查项目的需求分析活动,标识偏离项目计划或组织结构的内容	□ 是	□ 软件过程审计报告（频率） □ 审计报告分发给相关人员	
	□ 否（说明原因）		

表 10-3　评审问题跟踪表

文档编号：				文件类型：		
编 写 者：						
文件状态：		受控		受控范围：		公司

项目名称			项目编号	
评审时间			评审性质	预审
评审类别	［ ］计划　［√］需求　［ ］设计　［ ］测试　［ ］验收　［ ］总结			

<table>
<tr><td colspan="3" align="center">跟踪问题</td></tr>
<tr><td>No.</td><td>问题描述</td><td>缺陷级别</td></tr>
<tr><td></td><td></td><td></td></tr>
<tr><td></td><td></td><td></td></tr>
<tr><td></td><td></td><td></td></tr>
<tr><td></td><td></td><td></td></tr>
<tr><td></td><td></td><td></td></tr>
<tr><td></td><td></td><td></td></tr>
<tr><td></td><td></td><td></td></tr>
<tr><td></td><td></td><td></td></tr>
<tr><td>记录员签名</td><td></td><td>项目经理确认</td></tr>
<tr><td colspan="3" align="center">问题修改</td></tr>
<tr><td colspan="2">问题修改后描述</td><td>是否解决</td></tr>
<tr><td></td><td></td><td></td></tr>
<tr><td></td><td></td><td></td></tr>
<tr><td></td><td></td><td></td></tr>
<tr><td></td><td></td><td></td></tr>
<tr><td></td><td></td><td></td></tr>
<tr><td>作者签名</td><td></td><td>项目经理确认</td></tr>
</table>

表 10-4　设计分析过程检查表

检 查 内 容		实 施 情 况	评价 （10 分制）
是否形成概要设计说明书	□ 是	□ 评审问题清单(可选) □ 评审通知和确认表(可选) □ 项目评审表 □ 项目评审问题追踪表 □ 评审人员签字 □ 批准人签字 □ 评审时间 □ 验证人签字 □ SQA 人员验证	
	□ 否(说明原因)		

续表

检 查 内 容		实 施 情 况	评价 （10 分制）
是否形成详细设计说明书	□ 是	□ 评审问题清单（可选） □ 评审通知和确认表（可选） □ 项目评审表 □ 项目评审问题追踪表 □ 评审人员签字 □ 批准人签字 □ 评审时间 □ 验证人签字 □ SQA 人员验证	
	□ 否（说明原因）		
	□ 可选		
文档格式是否正确	□ 是	□ 文件编号 □ 配置项编号 □ 项目版本号 □ 审核人 □ 审核时间 □ 批准人 □ 批准时间 □ 符合模板	
	□ 否（说明原因）		
概要设计说明书是否按计划完成	□ 是	□ 按计划完成 　□ 提前完成并评审 　□ 按计划完成并评审 　□ 按计划完成，评审延迟 □ 未按计划完成，延迟____天 　□ 采取纠正措施	
	□ 否（说明原因）		
详细设计说明书是否按计划完成	□ 是	□ 按计划完成 　□ 提前完成并评审 　□ 按计划完成并评审 　□ 按计划完成，评审延迟 □ 未按计划完成，延迟____天	
	□ 否（说明原因）		
配置人员是否管理项目的配置情况	□ 是	□ 管理设计基线 □ SCM 基线报告（频率） □ SCM 基线变更状态报告（频率） □ 配置报告分发给相关人员	
	□ 否（说明原因）		
SQA 是否定期检查项目的需求管理活动，标识偏离项目计划或组织结构的内容	□ 是	□ 软件过程审计报告（频率） □ 审计报告分发给相关人员	
	□ 否（说明原因）		

　　在设计文档评审后，质管人员要填写设计《评审问题跟踪表》，直到设计文档满足评审。

③ 开发阶段质量控制。对于开发阶段，编码规范非常重要，每个人都要遵循编码规范。系统的每个模块完成以后，要根据情况进行编码过程检查，来确认编码过程是否遵守规范，如表 10-5 所示。

表 10-5　编码过程规范表

检 查 内 容		实 施 情 况	评价 （10 分制）
是否进行代码走查	☐ 是	☐ 频率和形式	
	☐ 否（说明原因）	☐ 走查问题被跟踪和解决	
	☐ 其他情况	☐ 重大缺陷和问题被记录	
编码是否按形成文档的准则执行	☐ 是	☐ 编码方法经过批准	
		☐ 采用文档和编程规范	
	☐ 否（说明原因）	☐ 自定义规范	
源代码是否进行配置管理	☐ 是	☐ 采用配置工具	
	☐ 否（说明原因）	☐ 配置库管理	
代码的变更是否被标识，检查和关闭	☐ 是	☐ 变更记录	
		☐ 变更批准	
		☐ 修改说明	
	☐ 否（说明原因）	☐ 修改人和修改时间记录	
		☐ 变更被检查和关闭	
单元测试是否进行	☐ 是	☐ 和规程要求一致	
		☐ 单元测试用例	
		☐ 单元测试分析报告	
	☐ 否（说明原因）	☐ Bug 统计	
		☐ 无记录要求	
SQA 是否定期检查项目的编码过程活动，标识偏离项目管理或组织结构的内容	☐ 是	☐ 软件过程审计报告（频率）	
	☐ 否（说明原因）	☐ 审计报告分发给相关人员	

开发过程中，每个模块根据《编码过程检查表》上没有满足的项，质管人员填写开发《评审问题跟踪表》。

④ 测试阶段质量控制。测试阶段的质量控制手段是使用 Bug 管理工具进行缺陷管理和跟踪，直到系统满足测试退出标准或用户需求，测试人员提交系统《测试报告》，对于《测试报告》，根据需求来评审测试情况，首先要填写测试《预审问题表》，根据评审结果再填写《软件测试检查表》，如表 10-6 所示。

最后要跟踪问题，直到全部的 Bug 解决，满足需求；存在的问题需要填写《评审问题跟踪表》。

⑤ 维护阶段质量控制。系统上线以后，由维护人员来保证系统的正常运行，对于维护阶段的质量控制，维护人员要提交《项目维护报告》，如表 10-7 所示。

表 10-6　软件测试检查表

检 查 内 容		实 施 情 况	评价 （10 分制）
是否有测试计划	□ 系统	□ 评审问题清单（可选） □ 评审通知和确认表（可选） □ 项目评审表 □ 项目评审问题追踪表 □ 评审人员签字 □ 批准人签字 □ 评审时间 □ 验证人签字 □ SQA 人员验证	
	□ 集成		
	□ 其他情况		
是否有测试用例	□ 系统	□ 评审问题清单（可选） □ 评审通知和确认表（可选） □ 项目评审表 □ 项目评审问题追踪表 □ 评审人员签字 □ 批准人签字 □ 评审时间 □ 验证人签字 □ SQA 人员验证	
	□ 集成		
	□ 其他情况		
文档格式是否正确	□ 是	□ 文件编号 □ 配置项编号 □ 项目版本号 □ 审核人 □ 审核时间 □ 批准人 □ 批准时间 □ 符合模板	
	□ 否（说明原因）		
测试计划是否按计划完成	□ 是	□ 按计划完成 　□ 提前完成并评审 　□ 按计划完成并评审 　□ 按计划完成，评审延迟 □ 未按计划完成，延迟＿＿＿天 　□ 采取纠正措施	
	□ 否（说明原因）		
测试用例是否按计划完成	□ 是	□ 按计划完成 　□ 提前完成并评审 　□ 按计划完成并评审 　□ 按计划完成，评审延迟 □ 未按计划完成，延迟＿＿＿天 　□ 采取纠正措施	
	□ 否（说明原因）		

续表

检 查 内 容		实 施 情 况	评价 （10 分制）
是否量化测试进程，测试是否按计划执行	☐ 是 ☐ 否（说明原因）	☐ 测试进度安排 ☐ 测试人员安排 ☐ 监督测试进度	
测试变更是否遵守变更流程	☐ 是 ☐ 否（说明原因）	☐ 变更请求 ☐ 修改描述 ☐ 变更批准 ☐ 变更通知 ☐ 新版本发布	
是否形成测试需求与功能需求的追溯表	☐ 是 ☐ 否（说明原因）	☐ 需求跟踪矩阵表	
测试缺陷和结果是否形成记录？生成缺陷和测试覆盖率的总结报告	☐ 是 ☐ 否（说明原因）	☐ 测试分析报告 ☐ 测试问题报告	
更新的缺陷是否经过回归测试，确认正确，结果形成记录	☐ 是 ☐ 否（说明原因）	☐ 取用版本正确 ☐ 测试问题报告 ☐ 验证人 ☐ 缺陷描述	
测试中是否采用测试工具或测试程序	☐ 是 ☐ 否（说明原因）	☐ 测试工具 ☐ 测试工具版本 ☐ 测试程序说明 ☐ 纳入配置受控库	
是否定义了评估测试结果的标准	☐ 是 ☐ 否（说明原因）	☐ 测试完成标准说明	
测试完成后，是否进行测试的技术检查？测试验收后的产品是否可集成为验收测试版本	☐ 是 ☐ 否（说明原因）	☐ 项目组成员或相关人员确认 ☐ 项目验收评审 ☐ 验收运行程序 ☐ 测试分析报告	
配置人员是否管理项目的配置情况	☐ 是 ☐ 否（说明原因）	☐ 管理测试基线 ☐ SCM 基线报告（频率） ☐ SCM 基线变更状态报告（频率） ☐ 配置报告分发给相关人员	
SQA 是否定期检查项目的测试活动，标识偏离项目计划或组织结构的内容	☐ 是 ☐ 否（说明原因）	☐ 软件过程审计报告 ☐ 审计报告分发给相关人员	

表 10-7　项目维护报告

部门名称：本周时间：　　　年　月　日—　　月　日

项目名称	维护内容				
	维护类型	维护事项	故障现象	处理结果	维护人员
××项目	预防性维护				
	日常性维护				
	突发性维护				
	其他				

本周任务量统计		
维护类型	维护量统计	备注
预防性维护		为了防止某类事情的发生，而产生的维护任务
日常性维护		每个工作日，必须执行的周期性维护任务
突发性维护		在非工作日，产生的维护任务
其他		
合计		
直接领导：		

　　相关人员要对项目维护报告进行评审，检查系统在运行过程中的缺陷，形成《系统运行问题表》，对于不满足需求的缺陷和运行中存在的其他缺陷进行修改。

本章小结

　　介绍了项目质量控制基本概念、目的、必要性，项目质量控制的内容及过程的基本步骤、质量控制的方法、技术和工具、质量控制的依据及成果。详细地介绍了整个项目质量控制的过程 PDCA。对质量控制的要素进行了介绍。针对质量控制的方法、技术、工具等进行了介绍，比如：核检清单法、质量检验法、控制图法、帕累托图法、统计样本法、流程图法、趋势分析法等。质量控制的依据和在开发过程中每个阶段进行了介绍及每个阶段产出的工件和跟踪进行了描述。

练习题

一、判断题

　　1. 软件质量控制是一系列验证活动，在一系列的控制活动中采取有效措施，在软件开发过程的各个监测点上，评估开发出来的阶段性产品是否符合技术规范。　　　　（　　）

　　2. 质量控制不是软件项目管理的重要工作。　　　　　　　　　　　　　　（　　）

3. 质量控制的目的不能从项目的过程出发。　　　　　　　　　　　　　（　　）

4. 全面质量控制过程，就是质量计划的制定和组织实现过程。　　　　　（　　）

5. 软件项目质量控制的三大要素是产品、过程和资源，需要不断进行调整和检查。

　　　　　　　　　　　　　　　　　　　　　　　　　　　　　　　　（　　）

二、选择题

1. 质量管理计划描述了（　　　）。

A. 实施质量政策的方法

B. 项目质量系统

C. 项目质量控制、质量保证、质量改进计划

D. 用来进行成本、进度和质量之间权衡平衡分析的程序

2. 下列表述正确的是（　　　）。

A. 项目保证成本越大，项目纠正成本就越小

B. 项目保证成本越大，项目纠正成本也就越大

C. 项目纠正成本越大，项目保证成本就越小

D. 项目纠正成本越大，项目保证成本也就越大

3. 质量计划编制的方法包括（　　　）。

A. 帕累托分析　　　　　　　　　　B. 因果分析

C. 流程图法　　　　　　　　　　　D. 成本/收益分析

4. 质量控制中常用的工具有（　　　）。

A. 因果分析图　　　　　　　　　　B. 控制图

C. 质量检查表　　　　　　　　　　D. 帕累托图

5. 质量计划编制的依据包括（　　　）。

A. 范围说明书　　　　　　　　　　B. 成果说明

C. 标准和规范　　　　　　　　　　D. 采购时的物料标准

三、简答题

1. 项目质量控制的目的和必要性是什么？

2. 项目质量控制的依据是什么？

3. 简要描述质量控制的方法。

第 11 章　Web 网站测试

本章目标

- 掌握 Web 网站功能测试相关概念
- 掌握 Web 网站安全测试相关概念
- 熟悉 Web 网站性能测试相关概念
- 熟悉 Web 网站数据库测试相关概念
- 熟悉 Web 网站可用性/可靠性测试的概念

本章单词

internet：_____　　cookies：_____

explorer：_____　　web：_____

随着互联网的快速发展和广泛应用，Web 网站已经应用到政府机构、企业公司、财经证券、教育娱乐等各个方面，对我们的工作和生活产生了深远的影响。正因为 Web 能够提供各种信息的链接和发布，并且内容易于被终端用户存取，使得其非常流行、无所不在。现在，许多传统的信息和数据库系统正在被移植到互联网上，复杂的分布式应用也正在 Web 环境中出现。

基于 Web 网站的测试是一项重要、复杂并且富有难度的工作。Web 测试相对于非Web 测试来说是更具挑战性的工作，用户对 Web 页面质量有很高的期望。基于 Web 的系统测试与传统的软件测试不同，它不但需要检查和验证是否按照设计所要求的项目正常运行，而且还要测试系统在不同用户的浏览器端的显示是否合适。另外，还要从最终用户的角度进行安全性和可用性测试。然而，因特网和 Web 网站的不可预见性使测试基于 Web 的系统变得困难。因此，我们需要研究基于 Web 网站的测试方法和技术。

11.1　Web 网站功能测试

功能测试是测试中的重点。在实际的测试工作中，功能在每一个系统中的具有不确定性，而我们不可能采用穷举的方法进行测试。测试工作的重心在于 Web 站点的功能是否符合需求分析的各项要求。

功能测试主要包括以下几个方面的内容：

（1）页面内容测试；

（2）链接测试；

（3）表单测试；

（4）Cookies 测试；

（5）设计语言测试。

1. 页面内容测试

内容测试用来检测 Web 应用系统提供信息的正确性和准确性。

（1）正确性。信息的正确性是指信息是真实可靠的还是胡乱编造的。例如，一条虚假的新闻报道可能引起不良的社会影响，甚至会让公司陷入麻烦之中，也可能惹上法律方面的问题。

（2）准确性。信息的准确性是指网页文字表述是否符合语法逻辑或者是否有拼写错误。在 Web 应用系统开发的过程中，开发人员可能不是特别注重文字表达，有时文字的改动只是为了页面布局的美观。可怕的是，这种现象恰恰会产生严重的误解。因此测试人员需要检查页面内容的文字表达是否恰当。这种测试通常使用一些文字处理软件来进行，例如使用 Microsoft Word 的"拼音与语法检查"功能。但仅仅利用软件进行自动测试是不够的，还需要人工测试文本内容。

另外，测试人员应该保证 Web 站点看起来更专业些。过分地使用粗斜体、大号字体和下划线可能会让人感到不舒服，一篇到处是大字体的文章会降低用户的阅读兴趣。

2. 链接测试

链接是使用户可以从一个页面浏览到另一个页面的主要手段,是 Web 应用系统的一个主要特征,它是在页面之间切换和指导用户去一些不知道地址的页面的主要手段。链接测试需要验证三个方面的问题:

(1)用户单击链接是否可以顺利地打开所要浏览的内容,即链接是否按照指示的那样确实链接到了要链接的页面。

(2)所要链接的页面是否存在。实际上,好多不规范的小型站点,其内部链接都是空的,这让浏览者感觉很不好。

(3)保证 Web 应用系统上没有孤立的页面,所谓孤立页面是指没有链接指向该页面,只有知道正确的 URL 地址才能访问。

3. 表单测试

当用户给 Web 应用系统管理员提交信息时,就需要使用表单操作,例如用户注册、登录、信息提交等。表单测试主要是模拟表单提交过程,检测其准确性,确保每一个字段在工作中正确。

表单测试主要考虑以下几个方面内容。

(1)表单提交应当模拟用户提交,验证是否完成功能,如注册信息。

(2)要测试提交操作的完整性,以校验提交给服务器的信息的正确性。

(3)使用表单收集配送信息时,应确保程序能够正确处理这些数据。

(4)要验证数据的正确性和异常情况的处理能力等,注意是否符合易用性要求。

(5)在测试表单时,会涉及数据校验问题。

4. Cookies 测试

Cookies 通常用来存储用户信息和用户在某个应用系统的操作。当一个用户使用 Cookies 访问了某一个应用系统时,Web 服务器将发送关于用户的信息,把该信息以 Cookies 的形式存储在客户端计算机上,这可用来创建动态和自定义页面或者存储登录等信息。关于 Cookies 的使用可以参考浏览器的帮助信息。如果使用 B/S 结构 Cookies 中存放的信息更多。

如果 Web 应用系统使用了 Cookies,测试人员需要对它们进行检测。测试的内容可包括 Cookies 是否起作用,是否按预定的时间进行保存,刷新对 Cookies 有什么影响等。如果在 Cookies 中保存了注册信息,请确认该 Cookie 能够正常工作而且已对这些信息已经加密。如果使用 Cookie 来统计次数,需要验证次数累计正确。

5. 设计语言的测试

Web 设计语言版本的差异可以引起客户端或服务器端的一些严重问题,例如使用哪种版本的 HTML 等。当在分布式环境中开发时,开发人员都不在一起,这个问题就显得尤为重要。除了 HTML 的版本问题外,不同的脚本语言,例如 Java、JavaScript、ActiveX、VBScript 或 Perl 等也要进行验证。

11.2　性能测试的种类

1. 负载测试

负载测试是为了测量 Web 系统在某一负载级别上的性能，以保证 Web 系统在需求范围内能正常工作。负载级别可以是某个时刻同时访问 Web 系统的用户数量，也可以是在线数据处理的数量。

负载测试包括的问题有：Web 应用系统能允许多少个用户同时在线；如果超过了这个数量，会出现什么现象；Web 应用系统能否处理大量用户对同一个页面的请求。负载测试的作用是在软件产品投向市场以前，通过执行可重复的负载测试，预先分析软件可以承受的并发用户的数量极限和性能极限，以便更好地优化软件。

负载测试应该安排在 Web 系统发布以后，在实际的网络环境中进行测试。因为一个企业内部员工，特别是项目组人员总是有限的，而一个 Web 系统能同时处理的请求数量将远远超出这个限度，所以，只有放在 Internet 上接受负载测试，其结果才是正确可信的。

Web 负载测试一般使用自动化工具来进行。

2. 压力测试

系统检测不仅要使用户能够正常访问站点，在很多情况下，可能会有黑客试图通过发送大量数据包来攻击服务器。出于安全的原因，测试人员应该知道当系统过载时，需要采取哪些措施，而不是简单地提升系统性能。这就需要进行压力测试。

进行压力测试是指实际破坏一个 Web 应用系统，测试系统的反映。压力测试是测试系统的限制和故障恢复能力，也就是测试 Web 应用系统会不会崩溃，在什么情况下会崩溃。黑客常常提供错误的数据负载，通过发送大量数据包来攻击服务器，直到 Web 应用系统崩溃，接着当系统重新启动时获得存取权。无论是利用预先写好的工具，还是创建一个完全专用的压力系统，压力测试都是用于查找 Web 服务（或其他任何程序）问题的本质方法。

压力测试的区域包括表单、登录和其他信息传输页面等。

3. 连接速度测试

连接速度测试是对打开网页的响应速度测试。用户连接到 Web 应用系统的速度根据上网方式的变化而变化，他们或许是电话拨号，或是宽带上网。当下载一个程序时，用户可以等较长的时间，但如果仅仅访问一个页面就不会这样。如果 Web 系统响应时间太长（例如超过 10 秒钟），用户就会因没有耐心等待而离开。

另外，有些页面有超时的限制，如果响应速度太慢，用户可能还没来得及浏览内容，就需要重新登录了。而且，连接速度太慢，还可能引起数据丢失，使用户得不到真实的页面。

11.3　安全性测试

随着 Internet 的广泛使用，网上交费、电子银行等深入到了人们的生活中。所以网络安全问题就日益重要，特别对于有交互信息的网站及进行电子商务活动的网站尤其重要。站点涉及银行信用卡支付问题,用户资料信息保密问题等。Web 页面随时会传输这些重要信息,所以一定要确保安全性。一旦用户信息被黑客捕获泄露,客户在进行交易时,就不会有安全感,甚至后果严重。

11.4　可用性/可靠性测试

1. 导航测试

导航描述了用户在一个页面内操作的方式,在不同的用户接口控制之间,例如按钮、对话框、列表和窗口等;或在不同的连接页面之间。

主要测试目的是检测一个 Web 应用系统是否易于导航,具体内容包括:

(1) 导航是否直观;

(2) Web 系统的主要部分是否可通过主页存取;

(3) Web 系统是否需要站点地图、搜索引擎或其他的导航帮助。

2. Web 图形测试

在 Web 应用系统中,适当的图片和动画既能起到广告宣传的作用,又能起到美化页面的功能。一个 Web 应用系统的图形可以包括图片、动画、边框、颜色、字体、背景、按钮等。图形测试的内容如下。

(1) 要确保图形有明确的用途,图片或动画不要胡乱地堆在一起,以免浪费传输时间。Web 应用系统的图片尺寸要尽量地小,并且要能清楚地说明某件事情,一般都链接到某个具体的页面。

(2) 验证所有页面字体的风格是否一致。

(3) 背景颜色应该与字体颜色和前景颜色相搭配。通常来说,使用少许或尽量不使用背景是个不错的选择。如果您想用背景,那么最好使用单色的,和滚动条一起放在页面的左边。另外,图案和图片可能会转移用户的注意力。

(4) 图片的大小和质量也是一个很重要的因素,一般采用 JPEG 或 GIF 压缩,最好能使图片的大小减小到 30KB 以下。

(5) 验证的是文字回绕是否正确。如果说明文字指向右边的图片,应该确保该图片出现在右边。不要因为使用图片而使窗口和段落排列古怪或者出现孤行。

(6) 图片能否正常加载,用来检测网页的输入性能好坏。如果网页中有太多图片或动画插件,就会导致传输和显示的数据量巨大、减慢网页的输入速度,有时会影响图片的加载。

3. 图形用户界面测试

(1) 整体界面测试。

(2) 界面测试要素。界面测试要素主要包括:符合标准和规范、灵活性、正确性、直观性、舒适性、实用性、一致性。

(3) 界面测试内容。主要测试目的是检测一个 Web 应用系统是否易于导航,具体内容包括：

    ① 站点地图和滚动条；

    ② 使用说明；

    ③ 背景/颜色；

    ④ 图片；

    ⑤ 表格。

11.5　配置和兼容性测试

1. 平台测试

市场上有很多不同的操作系统类型，最常见的有 Windows、UNIX、Linux 等。Web 应用系统的最终用户究竟使用哪一种操作系统，取决于用户系统的配置。这样，就可能会发生兼容性问题，同一个应用可能在某些操作系统下能正常运行，但在另外的操作系统下可能会运行失败。因此，在 Web 系统发布之前，需要在各种操作系统下对 Web 系统进行兼容性测试。

2. 浏览器测试

浏览器是 Web 客户端核心的构件，需要测试站点能否使用 Netscape、Internet Explorer 或 Lynx 进行浏览。来自不同厂商的浏览器对 Java、JavaScript、ActiveX 或不同的 HTML 规格有不同的支持。并且有些 HTML 命令或脚本只能在某些特定的浏览器上运行。

例如，ActiveX 是 Microsoft 的产品，是为 Internet Explorer 而设计的，JavaScript 是 Netscape 的产品，Java 是 Sun 的产品等。另外，框架和层次结构风格在不同的浏览器中也有不同的显示，甚至根本不显示。不同的浏览器对安全性和 Java 的设置也不一样。

测试浏览器兼容性的一个方法是创建一个兼容性矩阵。在这个矩阵中，测试不同厂商、不同版本的浏览器对某些构件和设置的适应性。

3. 打印机测试

用户可能会将网页打印下来。因此网页在设计的时候要考虑到打印问题，注意节约纸张和油墨。有不少用户喜欢阅读而不是盯着屏幕，因此需要验证网页打印是否正常。有时在屏幕上显示的图片和文本的对齐方式可能与打印出来的效果不一样。测试人员至少需要验证订单确认页面打印是正常的。

4. 组合测试

最后需要进行组合测试。600×800 的分辨率在 Mac 机上可能不错，但是在 IBM 兼容机上却很难看。在 IBM 机器上使用 Netscape 能正常显示，但却无法使用 Lynx 来浏览。

5. 兼容性测试

兼容性测试是指待测试项目在特定的硬件平台上、不同的应用软件之间、不同的操作系统平台上、在不同的网络等环境中能正常运行的测试。兼容性测试主要是针对不同的操作系统平台、浏览器以及分辨率进行的测试。

11.6　数据库测试

1. 数据库测试的主要因素

数据库测试的主要因素有：数据完整性、数据有效性、数据操作和更新。

2. 数据库测试的相关问题

除了上面的数据库测试因素，测试人员需要了解的相关问题如下。

（1）数据库的设计概念；

（2）数据库的风险评估；

（3）了解设计中的安全控制机制；

（4）了解哪些特定用户对数据库有访问权限；

（5）了解数据的维护更新和升级过程；

（6）当多个用户同时访问数据库处理同一个问题，或者并发查询时，确保可操作性；

（7）确保数据库操作能够有足够的空间处理全部数据，当超出空间和内存容量时能够启动系统扩展部分。

11.7　Web 测试用例考虑的因素

1. 页面检查

（1）合理布局

① 界面布局有序、简洁，符合用户使用习惯；

② 界面元素是否在水平或者垂直方向对齐；

③ 界面元素的尺寸是否合理；

④ 行列间距是否保持一致；

⑤ 是否恰当地利用窗体和控件的空白，以及分割线条；

⑥ 窗口切换、移动、改变大小时，界面显示是否正常；

⑦ 刷新后界面是否正常显示；

⑧ 不同分辨率页面布局显示是否合理、整齐，分辨率一般为 $1024 \times 768 > 1280 \times 1024 > 800 \times 600$。

（2）弹出窗口

① 弹出的窗口应垂直居中对齐；

② 对于弹出窗口界面内容较多，须提供自动全屏功能；

③ 弹出窗口时应禁用主界面，保证用户使用的焦点；

④ 活动窗体是否能够被反显加亮。

（3）页面的正确性

① 界面元素是否有错别字，或者措辞含糊、逻辑混乱；

② 当用户选中了页面中的一个复选框，之后回退一个页面，再前进一个页面，复选框是

139

否还处于选中状态；

③ 导航显示正确；

④ Title 显示正确；

⑤ 页面显示无乱码；

⑥ 需要必填的控件，有必填提醒，如 ＊；

⑦ 适时禁用功能按钮（如权限控制时无权限操作时按钮灰掉或不显示；无法输入的输入框禁用掉）；

⑧ 页面无 js 错；

⑨ 鼠标无规则单击时是否会产生无法预料的结果；

⑩ 鼠标有多个形状时是否能够被窗体识别（如漏斗状时窗体不接受输入）。

2. 控件检查

（1）下拉选择框

① 查询时默认显示全部；

② 选择时默认显示请选择；

③ 禁用时样式置灰。

（2）复选框

① 多个复选框可以被同时选中；

② 多个复选框可以被部分选中；

③ 多个复选框可以都不被选中；

④ 逐一执行每个复选框的功能。

（3）单选框

① 一组单选按钮不能同时选中，只能选中一个；

② 一组执行同一功能的单选按钮在初始状态时必须有一个被默认选中，不能同时为空。

（4）下拉树

① 应支持多选与单选；

② 禁用时样式置灰。

（5）树形

① 各层级用不同图标表示，最下层节点无加减号；

② 提供全部收起、全部展开功能；

③ 如有需要提供搜索与右键功能，如提供需有提示信息；

④ 展开时，内容刷新正常。

3. 日历控件

（1）同时支持选择年月日、年月日时分秒规则；

（2）打开日历控件时，默认显示当前日期。

4. 滚动条控件

（1）滚动条的长度根据显示信息的长度或宽度及时变换，这样有利于用户了解显示信息的位置和百分比，例如，Word 中浏览 100 页文档，浏览到 50 页时，滚动条位置应处于中间；

（2）拖动滚动条,检查屏幕刷新情况,并查看是否有乱码;

（3）单击滚动条时,页面信息是否正确显示;

（4）用滚轮控制滚动条时,页面信息是否正确显示;

（5）用滚动条的上下按钮时,页面信息是否正确显示。

5．按钮

（1）单击按钮是否正确响应操作。如单击确定,正确执行操作;单击取消,退出窗口;

（2）对非法的输入或操作给出足够的提示说明;

（3）对可能造成数据无法恢复的操作必须给出确认信息,给用户放弃选择的机会(如删除等危险操作)。

6．文本框

（1）输入正常的字母和数字;

（2）输入已存在的文件的名称;

（3）输入超长字符;

（4）输入默认值,空白,空格;

（5）若只允许输入字母,尝试输入数字;反之,尝试输入字母;

（6）利用复制,粘贴等操作强制输入程序不允许输入的数据;

（7）输入特殊字符集,例如,NUL 及 \n 等;

（8）输入不符合格式的数据,检查程序是否正常校验,如程序要求输入年月日格式为 yy/mm/dd,实际输入 yyyy/mm/dd,程序应该给出错误提示。

7．上传功能的检查

（1）上传下载文件检查:上传下载文件的功能是否实现,上传下载的文件是否有格式、大小要求、是否屏蔽 exe. ,bat. ;

（2）Enter 键检查:在输入结束后直接按 Enter 键,看系统处理如何,是否报错。这个地方很有可能会出现错误;

（3）刷新键检查:在 Web 系统中,使用浏览器的刷新键,看系统处理如何,是否报错;

（4）回退键检查:在 Web 系统中,使用浏览器的回退键,看系统处理如何,会否报错;对于需要用户验证的系统,在退出登录后,使用回退键,看系统处理如何;多次使用回退键,多次使用前进键,看系统如何处理;

（5）直接 URL 链接检查:在 Web 系统中,直接输入各功能页面的 URL 地址,看系统如何处理,对于需要用户验证的系统更为重要,如果系统安全性设计得不好,直接输入各功能页面的 URL 地址,很有可能会正常打开页面;

（6）确认没有上传资料单击上传按钮是否有提示;

（7）确认是否支持图片上传;

（8）确认是否支持压缩包上传;

（9）若是图片,是否支持所有的格式(.jpeg,.jpg,.gif,.png 等);

（10）音频文件的格式是否支持(mp3,wav,mid 等);

（11）各种格式的视频文件是否支持;

（12）上传文件的大小有无限制，上传时间用户是否可接受；

（13）是否支持批量上传；

（14）若在传输过程中，网络中断时，页面显示什么；

（15）选择文件后，想取消上传功能，是否有删除按钮；

（16）文件上传结束后，是否能回到原来界面。

8. 添加功能检查

（1）正确输入相关内容，包括必填项，单击添加按钮，记录是否成功添加；

（2）必填项内容不填、其他项正确输入，单击添加按钮，系统是否有相应提示；

（3）内容项中输入空格，单击添加按钮，记录能否添加成功；

（4）内容项中输入系统中不允许出现的字符、单击添加按钮，系统是否有相应提示；

（5）内容项中输入 HTML 脚本，单击添加按钮，记录能否添加成功；

（6）仅填写必填项，单击添加按钮，记录能否添加成功；

（7）添加记录失败时，原填写内容是否保存；

（8）新添加的记录是否排列在首行；

（9）重复提交相同记录，系统是否有相应提示。

9. 删除功能检查

（1）选择任意一条记录，进行删除，能否删除成功；

（2）选择不连续多条记录，进行删除，能否删除成功；

（3）选择连续多条记录，进行删除，能否删除成功；

（4）能否进行批量删除操作；

（5）删除时，系统是否有确认删除的提示。

10. 查询功能检查

（1）针对单个查询条件进行查询，系统能否查询出相关记录；

（2）针对多个查询条件，进行组合查询，系统能否查询出相关记录；

（3）系统能否支持模糊查询；

（4）查询条件全部匹配时，系统能否查询出相关记录；

（5）查询条件全为空时，系统能否查询出相关记录；

（6）查询条件中输入％，系统能否查询出相关记录；

（7）系统是否支持按 Enter 键查询；

（8）系统是否设置了重置查询的功能。

本章小结

本章主要介绍 Web 网站功能测试的概念、性能测试的概念、安全性测试的概念、Web 网站的可用性/可靠性测试的概念、配置和兼容性测试的概念、数据库测试的概念。针对 Web 网站的前台、后台进行不同类型的测试分析，对网站的操作性和用户使用等情况进行了测试技术的分析和总结。

练习题

一、判断题

1. 测试上传功能不需要考虑上传文件的大小。　　　　　　　　　　（　　）

2. 兼容测试只测试平台。　　　　　　　　　　　　　　　　　　（　　）

3. 内容测试用来检测 Web 应用系统提供信息的正确性、准确性和相关性。　（　　）

4. 导航描述了用户在一个页面内操作的方式，在不同的用户接口控制之间的操作。
　　　　　　　　　　　　　　　　　　　　　　　　　　　　（　　）

5. 数据库测试的包含数据完整性、数据有效性、数据操作和更新。　（　　）

二、选择题

1. 页面内容测试用来检测 Web 应用系统提供信息的(　　)。

　　A. 正确性　　　　　　B. 准确性　　　　　　C. 相关性　　　　　　D. 逻辑性

2. 导航测试属于(　　)。

　　A. 功能测试　　　　　　　　　　　　B. 性能测试

　　C. 可用性/可靠性测试　　　　　　　D. 压力测试

3. Web 测试的主要特征是(　　)。

　　A. 图片　　　　　　　B. 文字　　　　　　　C. 链接　　　　　　　D. 视频

4. 页面检查主要从以下哪些方面进行测试(　　)?

　　A. 合理布局　　　　　　　　　　　　B. 窗口

　　C. 页面的正确性　　　　　　　　　　D. 视频

5. Web 网站功能测试主要测试哪些内容(　　)?

　　A. 页面内容　　　　　B. 链接　　　　　　　C. 表单　　　　　　　D. Cookies

三、简答题

1. 测试 360 网站首页应该考虑的因素?

2. 查询功能测试主要从哪些方面进行测试?

3. Web 网站图形用户界面测试考虑哪些要素?

第 12 章　自动化测试

本章目标
- 了解软件自动化测试
- 掌握软件自动化测试方法
- 了解软件自动化测试工具

本章单词

automated testing：_____ test cases：_____

test environment：_____ testing methodology：_____

通常,软件测试的工作量很大(据统计,测试会占用到 40% 的开发时间,一些可靠性要求非常高的软件,测试时间甚至占到开发时间的 60%)。而测试中的许多操作是重复性的、非智力性的和非创造性的,并要求做准确细致的工作,计算机就最适合于代替人工去完成这样的任务。

软件自动化测试是相对手工测试而存在的,主要是通过所开发的软件测试工具、脚本等来实现,具有良好的可操作性、可重复性和高效率等特点。

使用 Quality Center 管理测试流程、使用 QTP 做自动化测试、使用 LoadRunner 做自动化性能测试。

12.1　什么是软件自动化测试

自动化测试的定义:使用一种自动化测试工具来验证各种软件测试的需求,它包括测试活动的管理与实施。

通过对工具的使用,增加或减少了手工或人为参与或干预非技巧性、重复、冗长的工作。

自动化测试就是希望能够通过自动化测试工具或其他手段,按照测试工程师的预定计划进行自动的测试。目的是减轻手工测试的劳动量,从而达到提高软件质量的目的。自动化测试的目的在于发现老缺陷。而手工测试的目的在于发现新缺陷。

简而言之,所谓的自动化测试就是将现有的手动测试流程给自动化。要实施自动化测试的公司或组织,本身必须要有一套"正规(formalized)"的手动测试流程。这个正规的手动测试流程至少要包含以下的条件。

(1) 详细的测试个案(test cases):从商业功能规格或设计文件而来的测试个案,包含可预期的(predictable)的预期结果(expected result)。

(2) 独立的测试环境(test environment):包含可重复测试资料的测试环境,以便在应用软件每次变动后,都可以重复执行测试个案。

假如您目前的测试流程并未包含上述条件,即使您导入了自动化测试,也不会得到多大的好处。

所以,假如您的测试方法(testing methodology)只是将应用软件移转到一群由"使用者"或"专家级使用者(subject matter experts)"组成的测试团队,然后任由他们去敲击键盘执行测试工作。那我建议您先把自动化测试放一边,把"建立一个有效的测试流程"当成您目前首要的工作。因为要自动化一项不存在的流程是完全没有意义的。

自动化测试最实际的应用与目的是自动化回归测试(regression testing)。也就是说,您必须要有用来储存详细测试个案的数据库,而且这些测试个案是可以重复执行于每次应用软件被变更后,以确保应用软件的变更没有产生任何因为不小心所造成的影响。

"自动化测试脚本(script)"同时也是一段程序。为了要更有效地开发自动测试脚本,您必须和一般软件开发的过程一样,建立制度以及标准。要更有效地运用自动化测试工具,您至少要有一位受过良好训练的技术人员,一位程序设计员(programmer)。

12.2　软件自动化的使用范围

自动化测试不是适合所有公司、所有项目，以下情况适合自动化测试。

（1）产品型项目

产品型的项目，每个项目只改进少量的功能，但每个项目必须反反复复地测试那些没有改动过的功能。这部分测试完全可以让自动化测试来承担，同时可以把新加入的功能测试也慢慢地加入到自动化测试当中。

（2）增量开发、持续集成的项目

由于这种开发模式是频繁地发布新版本进行测试，也就需要频繁地自动化测试，以便把人从中解脱出来测试新的功能。

（3）回归测试

回归测试是自动化测试的强项，它能够很好地验证你是否引入了新的缺陷，老的缺陷是否修改过来了。在某种程度上可以把自动化测试工具称为回归测试工具。

（4）多次重复、机械性操作

自动化测试最适用于多次重复、机械性动作，这样的测试对它来说从不会失败。比如要向系统输入大量的相似数据来测试。

（5）需要频繁运行测试

在一个项目中需要频繁的运行测试，测试周期按天算，就能最大限度地利用测试脚本，提高工作效率。

（6）性能、压力测试

实现多人同时对系统进行操作时是否正常处理和响应以及系统可承受的最大访问量的测试。

12.3　软件自动化工具分类

测试工具可以从两个不同的方面去分类：根据测试方法不同，自动化测试工具可以分为：白盒测试工具和黑盒测试工具。根据测试的对象和目的，自动化测试工具可以分为：单元测试工具、功能测试工具、负载测试工具、性能测试工具、Web测试工具、数据库测试工具、回归测试工具、嵌入式测试工具、页面链接测试工具、测试设计与开发工具、测试执行和评估工具、测试管理工具等。

12.3.1　白盒测试工具

白盒测试工具一般是针对被测源程序进行测试的工具，测试所发现的故障可以定位到代码级。根据测试工具工作原理的不同，白盒测试的自动化工具可分为静态测试工具和动态测试工具。

静态测试工具——在不执行程序的情况下，分析软件的特性。静态分析主要集中在需

求文档、设计文档以及程序结构方面。按照完成的职能不同,静态测试工具包括以下几种类型:

（1）代码审查;

（2）一致性检查;

（3）错误检查;

（4）接口分析;

（5）输入输出规格说明分析检查;

（6）数据流分析;

（7）类型分析;

（8）单元分析;

（9）复杂度分析。

动态测试工具直接执行被测程序。它需要实际运行被测系统,并设置断点,向代码生成的可执行文件中插入一些监测代码,掌握断点这一时刻程序运行数据(对象属性、变量的值等),具有功能确认、接口测试、覆盖率分析、性能分析等性能。

动态测试工具可以分为以下几种类型:

（1）功能确认与接口测试;

（2）覆盖测试;

（3）性能测试;

（4）内存分析。

常用的动态工具有:

（1）Compuware 公司的 DevPartner;

（2）IBM 公司的 Rational。

12.3.2　黑盒测试工具

黑盒测试工具是在明确软件产品应具有的功能条件下,完全不考虑被测程序的内部结构和内部特性,通过测试来检验软件功能是否按照软件需求规格的说明正常工作。

按照完成的职能不同,黑盒测试工具可以分为功能测试工具和性能测试工具。

（1）功能测试工具:用于检测程序能否达到预期的功能要求并正常运行。

（2）性能测试工具:用于确定软件和系统的性能。

常用的黑盒测试工具有:

（1）Compuware 公司的 QACenter;

（2）IBM 公司的 Rational TeamTest。

12.3.3　测试设计与开发工具

测试设计是说明被测软件特征或特征组合的方法,并确定选择相关测试用例的过程。

测试开发是将测试设计转换成具体的测试用例的过程。

测试设计和开发需要的工具类型有:

（1）测试数据生成器;

（2）基于需求的测试设计工具;

（3）捕获/回放；

（4）覆盖分析。

12.3.4　测试执行和评估工具

测试执行和评估是执行测试用例并对测试结果进行评估的过程，包括选择用于执行的测试用例、设置测试环境、运行所选择的测试用例、记录测试执行过程、分析潜在的故障，并检查测试工作的有效性。评估类工具对执行测试用例和评估测试结果过程起到辅助作用。测试执行和评估类工具有：

（1）捕获/回放；

（2）覆盖分析；

（3）存储器测试。

12.3.5　测试管理工具

测试管理工具用于对测试过程进行管理，帮助完成制订测试计划，跟踪测试运行结果。通常，测试管理工具对测试计划、测试用例、测试实施进行管理，还包括缺陷跟踪管理等。

常用的测试管理工具有 IBM 公司的 Rational Test Manager。

测试管理工具包括以下内容：

（1）测试用例管理；

（2）缺陷跟踪管理（问题跟踪管理）；

（3）配置管理。

12.3.6　常用测试工具

目前，软件测试方面的工具很多，主要有 Mercury Interactive（MI）、Rational、Compuware、Segue 和 Empirix 等公司的产品，而 MI 公司和 Rational 公司的产品占了主流。

Mercury 质量中心：提供一个全面的、基于 Web 的集成系统，可在广泛的应用环境下自动执行软件质量管理和测试。其主要产品如下。

（1）Winrunner：是一种企业级的用于检验应用程序是否如期运行的功能性测试工具。通过自动捕获、检测和重复用户交互的操作，WinRunner 能够辨认缺陷并且确保那些跨越多个应用程序和数据库的业务流程在初次发布就能避免出现故障，并且保持长期可靠运行。

（2）LoadRunner：是一种预测系统行为和性能的负载测试工具。通过模拟上千万用户实施并发负载及实时性能监测的方式来确认和查找问题，LoadRunner 能够对整个企业架构进行测试。通过使用 LoadRunner，企业能最大限度地缩短测试时间、优化性能和加速应用系统的发布周期。

（3）TestDirector：是基于 Web 的测试管理解决方案，它可以在公司内部进行全球范围的测试协调。TestDirector 能够在独立的应用系统中提供需求管理功能，并且可以把测试需求管理于测试计划、测试日程控制、测试执行和错误跟踪等功能融合为一体，因此极大地加速了测试的进程。TestDirector 提供完整且无限制的测试管理框架，实现对应用测试全部阶段的管理与控制。

（4）QuickTest Professional：是一个功能测试自动化工具，主要应用在回归测试中。QuickTest 针对的是 GUI 应用程序，包括传统的 Windows 应用程序，以及现在越来越流行的 Web 应用。它可以覆盖绝大多数的软件开发技术，简单高效，并具备测试用例可重用的特点。其中包括：创建测试、插入检查点、检验数据、增强测试、运行测试、分析结果和维护测试等方面。

Rational 公司测试工具，其产品如下。

（1）Rational Functional Tester：对 Java、Web 和基于 VS. NET WinForm 的应用程序进行高级自动化功能测试。

（2）Rational Functional Tester Extension for Terminal-based Applications：扩展了 Rational Functional Tester，以支持基于终端的应用程序的测试。

（3）Rational Manual Tester：使用新测试设计技术来改进人工测试设计和执行工作。

（4）Rational Performance Tester：检查可变多用户负载下可接受的应用程序响应时间和可伸缩性。

（5）Rational Purify for Linux and UNIX：为 Linux 和 UNIX 提供了内存泄漏和内存损坏检测。

（6）Rational Purify for Windows：为 Windows 提供了内存泄漏和内存损坏检测。

（7）Rational PurifyPlus 企业版：为 Windows、Linux 和 UNIX 提供了运行时分析。

（8）Rational PurifyPlus for Linux and UNIX：为基于 Linux 和 UNIX 的 Java 和 C/C++ 开发提供了分析工具集。

（9）Rational PurifyPlus for Windows：为基于 Windows 的 Java、C/C++ 、Visual Basic 和. NET 开发提供了运行时分析。

（10）Rational Robot：客户机/服务器应用程序的通用测试自动化工具。可以对使用各种集成开发环境（IDE）和语言建立的软件应用程序，创建、修改并执行自动化的功能测试、分布式功能测试、回归测试和集成测试。

（11）Rational TestManager：提供开放、可扩展的测试管理。

（12）Rational Test RealTime：支持嵌入式和实时的跨平台软件的组件测试和运行时分析。

Compuware 公司测试工具：Compuware 公司的 QACenter 家族集成了一些强大的自动工具，这些工具符合大型机应用的测试要求，使开发组获得一致而可靠的应用性能。QACenter 帮助所有的测试人员创建一个快速、可重用的测试过程。这些测试工具自动帮助管理测试过程，快速分析和调试程序，包括针对回归、强度、单元、并发、集成、移植、容量和负载建立测试用例，自动执行测试和产生文档结果。QACenter 主要包括以下几个模块。

（1）QARun：应用的功能测试工具。

（2）QALoad：强负载下应用的性能测试工具。

（3）QADirector：测试的组织设计和创建以及管理工具。

（4）TrackRecord：集成的缺陷跟踪管理工具。

（5）EcoTools：高层次的性能监测工具。

12.3.7　其他公司测试工具

Segue 公司的 SilkTest：是业界领先的、用于对企业级应用进行功能测试的产品，可用于测试 Web、Java 或是传统的 C/S 结构。SilkTest 提供了许多功能，使用户能够高效率地进行软件自动化测试。这些功能包括：测试的计划和管理；直接的数据库访问及校验；灵活、强大的 4Test 脚本语言，内置的恢复系统（Recovery System）；以及具有使用同一套脚本进行跨平台、跨浏览器和技术进行测试的能力。

AdventNet 公司的 QEngine：是一个应用广泛且独立于平台的自动化软件测试工具，可用于 Web 功能测试、Web 性能测试、Java 应用功能测试、Java API 测试、SOAP 测试、回归测试和 Java 应用性能测试。支持对于使用 HTML、JSP、ASP、. NET、PHP、JavaScript/VBScript、XML、SOAP、WSDL、e-commerce、传统客户端/服务器等开发的应用程序进行测试。此工具以 Java 开发，因此便于移植和提供多平台支持

Radview 公司的 TestView 系列 Web 性能测试工具和 WebLoad Analyzer 性能分析工具，旨在测试 Web 应用和 Web 服务的功能、性能、程序漏洞、兼容性、稳定性和抗攻击性，并且能够在测试的同时分析问题原因和定位故障点。整套 Web 性能测试和分析工具包含两个相对独立的子系统：Web 性能测试子系统、Web 性能分析子系统。其中 Web 性能测试子系统包含 3 个模块：TestView Manager、WebFT 以及 WebLoad。Web 性能分析子系统只有 WebLoad Analyzer。

美国 IXIA 公司的应用层性能测试软件 IxChariot 是一个独特的测试工具，也是在应用层性能测试领域得到业界认可的测试系统。对于企业网而言，IxChariot 可应用于设备选型、网络建设及验收、日常维护等 3 个阶段，提供设备网络性能评估、故障定位和 SLA 基准等服务。

IxChariot 由两部分组成：控制端（Console）和远端（Endpoint），两者都可安装在普通PC 或者服务器上，控制端安装在 Windows 操作系统上，远端支持各种主流的操作系统。控制端为该产品的核心部分，控制界面（也可采用命令行方式）、测试设计界面、脚本选择及编制、结果显示、报告生成以及 API 接口提供等都由控制端提供。远端根据实际测试的需要，安装在分布的网络中，负责从控制端接收指令、完成测试并将测试数据上报到控制端。

12.3.8　一些开源测试工具

1. 功能测试工具

（1）Linux Test Project：Linux Test Project 是一个测试 Linux 内核和内核相关特性的工具集合。该工具的目的是通过把测试自动化引入到 Linux 内核测试，提高 Linux 的内核质量。

使用环境：Linux

（2）MaxQ：MaxQ 是一个免费的功能测试工具。它包括一个 HTTP 代理工具，可以录制测试脚本，并提供回放测试过程的命令行工具。测试结果的统计图表类似于商用测试工具，比如 Astra QuickTest 和 Empirix e-Test，这些商用工具都很昂贵。MaxQ 希望能够提供一些关键的功能，比如 HTTP 测试录制回放功能，并支持脚本。

使用环境：Java 1.2 以上版本

（3）WebInject：WebInject 是一个针对 Web 应用程序和服务的免费测试工具。它可以通过 HTTP 接口测试任意一个单独的系统组件。可以作为测试框架管理功能自动化测试和回归自动化测试的测试套。

使用环境：Windows，OS Independent，Linux

2．单元测试工具

JUnit(CppUnit)：JUnit 是一个开源的 Java 测试框架，它是 Xuint 测试体系架构的一种实现。在 JUnit 单元测试框架的设计时，设定了三个总体目标，第一个是简化测试的编写，这种简化包括测试框架的学习和实际测试单元的编写；第二个是使测试单元保持持久性；第三个则是可以利用既有的测试来编写相关的测试。

使用环境：Windows，OS Independent，Linux

3．性能测试工具

（1）Apache JMeter：Apache JMeter 是 100％的 Java 桌面应用程序，它被设计用来加载被测试软件功能特性、度量被测试软件的性能。设计 Jmeter 的初衷是测试 Web 应用，后来又扩充了其他的功能。Jmeter 可以完成针对静态资源和动态资源（例如：Servlets，Perl 脚本，Java 对象，数据查询，FTP 服务等）的性能测试。Jmeter 可以模拟大量的服务器负载、网络负载、软件对象负载，通过不同的加载类型全面测试软件的性能。Jmeter 提供图形化的性能分析。

使用环境：Solaris，Linux，Windows（98，NT，2000），JDK1.4 以上。

（2）DBMonster：DBMonster 是一个生成随机数据，用来测试 SQL 数据库的压力测试工具。

使用环境：OS Independent

（3）OpenSTA(Open-System-Testing-Architecture)：基于 CORBA 的分布式软件测试构架。使用 OpenSTA，测试人员可以模拟大量的虚拟用户。OpenSTA 的结果分析包括虚拟用户响应时间、Web 服务器的资源使用情况、数据库服务器的使用情况，可以精确地度量负载测试的结果。

使用环境：OS Independent

（4）TPTEST：提供测试 Internet 连接速度的简单方法。

使用环境：MacOS/Carbon、Win32

（5）WebApplication Load Simulator：LoadSim 是一个网络应用程序的负载模拟器。

使用环境：JDK 1.3 以上

4．缺陷管理工具

（1）Mantis：Mantis 是一款基于 Web 的软件缺陷管理工具，配置和使用都很简单，适合中小型软件开发团队。

使用环境：MySQL，PHP

（2）Bugzilla：一款软件缺陷管理工具。

使用环境：TBC

5. 测试管理工具

（1）TestLink：基于 Web 的测试管理和执行系统。测试小组在系统中可以创建、管理、执行、跟踪测试用例，并且提供在测试计划中安排测试用例的方法。

使用环境：Apache，MySQL，PHP

（2）Bugzilla Test Runner：Bugzilla Test Runner 基于 Bugzilla 缺陷管理系统的测试用例管理系统。

使用环境：Bugzilla 2.16.3 or above（bugzilla 是一个可以发布 bug 以及跟踪报告 bug 进展情况的开源软件）

12.4 Quality Center 的基本介绍

Quality Center 是一个基于 Web 的测试管理工具，可以组织和管理应用程序测试流程的所有阶段，包括指定测试需求、计划测试、执行测试和跟踪缺陷。

测试需求是整个测试过程的基础，描述了需要测试的内容。通过创建"需求树"，可以在 Quality Center 中定义需求。在测试需求视图中，可以对需求进行定义、查看、修改和转换等操作。其中，需求转换操作可以将需求树中选定的需求或者所有需求转换成测试计划树中的测试或主题。

需求定义后，依据测试需求创建"测试计划树"。在定义测试测试之前，首先要确定系统环境和测试资源等测试相关工作。然后将被测系统的功能分解成可测试的功能，即测试的单元或者主题。有了基本测试信息后，可以对每个测试主题定义测试步骤，即对如何执行测试的详细分步说明，步骤的定义不仅包括执行的操作，也包括期望的结果。为保证测试计划中的测试符合测试需求，需要对测试计划树中的测试和需求树中的需求建立链接。测试和需求之间是多对多关系，即一个测试可以覆盖多个需求，反之一个需求也可以被多个测试覆盖。

在测试计划视图中设计测试后，通过在执行测试视图（测试实验室）中创建"测试集树"来组织测试流程。将测试计划树中的测试添加到测试集中，可以通过手工或者自动的方式执行测试。手工执行测试应遵行测试步骤，比较预期结果和实际输出并记录结果。自动运行测试，Quality Center 会自动打开选定的测试工具（如 QTP，WinRunner 等），在本地计算机或者远程主机上运行测试，并将结果导出到 Quality Center。

发现系统的缺陷，使系统完善是测试的目的之一。因此，Quality Center 提供了对缺陷管理的支持。在缺陷管理视图中，可以进行添加新缺陷、匹配缺陷、更新缺陷、缺陷关联等操作，并跟踪缺陷直到缺陷被修复。

为了便于评估需求、测试计划、测试执行和缺陷跟踪的进展情况，可以通过 Quality Center 在测试管理的过程中生成报告，如需求报告、缺陷报告、缺陷图等，为测试流程分析奠定基础。

Quality Center 是一个强大的测试管理工具，合理地使用 Quality Center 可以提高测试的工作效率，节省时间，起到事半功倍的效果。

12.5　QTP 的基本介绍

12.5.1　启动 QTP

安装好 QTP 后,我们可以通过选择菜单"开始|所有程序|Quick Test Professional| Quick Test Professional|"来启动 QTP(或者双击桌面上 QTP 的快捷图标)。

12.5.2　插件加载设置与管理

启动 QTP 后,将显示如图 12-1 所示的插件管理界面。

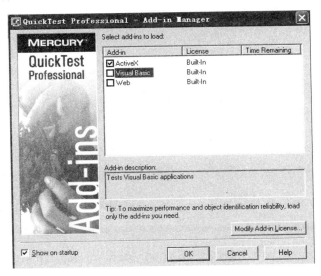

图 12-1　插件管理界面

QTP 默认支持 ActiveX、VB 和 Web 插件,License 类型为"Built-In"。如果安装了其他类型的插件,也将在列表中列出来。

注意:为了性能上的考虑,以及对象识别的稳定和可靠性,建议只加载需要的插件。例如,QTP 自带的样例应用程序"Flight"是标准 Windows 程序,里面的部分控件类型为 ActiveX 控件,因此,在测试这个应用程序时,可以仅加载"ActiveX"插件。

当选择本项目所需要的插件时,单击"OK"按钮,进入系统主体页面,如图 12-2 所示。

12.5.3　创建一个空的测试项目

加载插件后,QTP 显示如图 12-2 所示界面。

(1)选择"Tutorial"将打开 QTP 的帮助文档;

(2)选择"Start Recording"进入测试录制功能;

(3)选择"Open Existing"将打开现有的测试项目文件;

(4)选择"Blank Test"将创建一个空的测试项目。

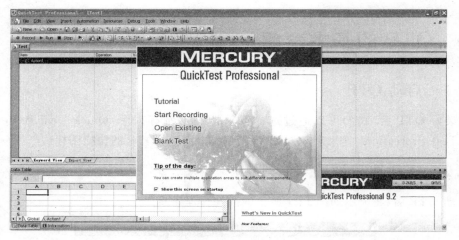

图 12-2　新的 QTP 项目

注意：把"show this screen on startup"设置为不选择，则下次启动 QTP 时不显示该界面，而是创建一个空的测试项目。

12.5.4　录制和测试运行设置

进入 QTP 的主界面，如图 12-3 所示。

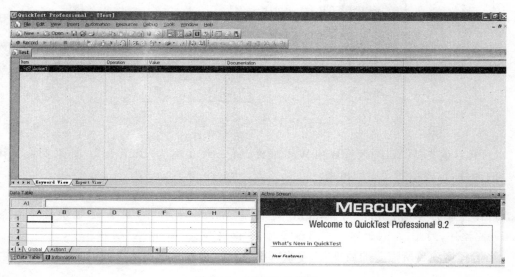

图 12-3　QTP 的主界面

在主界面中，选择菜单"Automation | Record and Run Settings"，出现如图 12-4 所示的录制和运行设置界面。

在这里，由于加载的插件不包括 Web 插件，因此，录制和运行的设置也仅针对"Windows Applications"，如果加载了 Web 插件，则多出一页"Web"的设置界面，如图 12-5 所示。

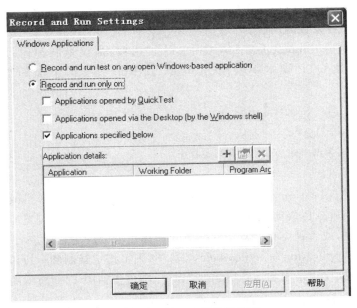

图 12-4　录制和运行设置界面

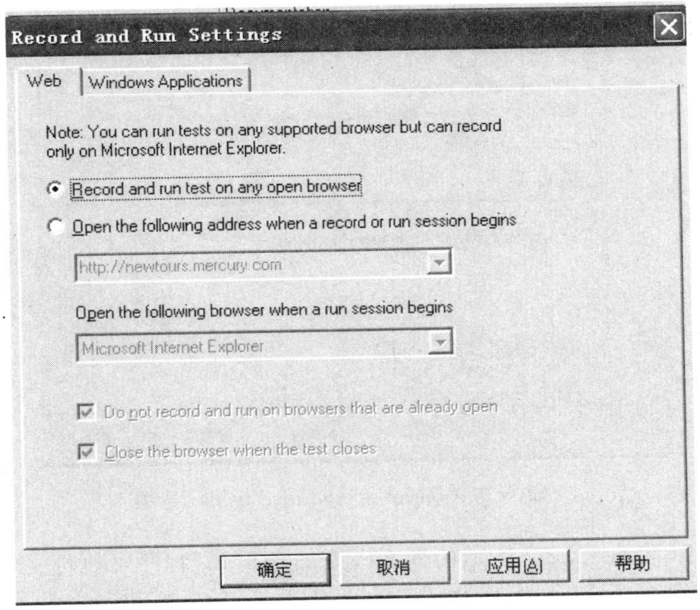

图 12-5　"Web"的设置界面

12.5.5　指定需要录制的应用程序

在设置 Windows 应用程序的录制和运行界面中,可以选择两种录制程序的方式:一种是"Record and run test on any open Windows-based application",也就是说可以录制和运行所有在系统中出现的应用程序;另外一种是"Record and run only on",这种方式可以进一

155

步指定录制和运行所针对的应用程序,避免录制一些无关紧要的、多余的界面操作。

下面介绍这 3 种设置的用法。

(1) 若选择"Application opened by QuickTest"选项,则仅录制和运行由 QTP 调用的程序,例如,通过在 QTP 脚本中使用 SystemUtil. Run 或类似下面的脚本启动的应用程序:

```
//创建 Wscript 的 Shell 对象
Set Shell=CreateObject("Wscript.Shell")
//通过 Shell 对象的 Run 方法启动记事本程序
hell.Run "notepad"
```

(2) 若选择"Applications opened via the Desktop(by the windows shell)"选项,则仅录制那些通过开始菜单选择启动的应用程序,或者是在 Windows 文件浏览器中双击可执行文件启动的应用程序,或者是在桌面双击快捷方式图标启动的应用程序。

(3) 若选择"Application specified below"选项,则可指定录制和运行添加到列表中的应用程序。例如,如果仅想录制和运行"Flight"程序,则可作如图 12-6 所示的设置。

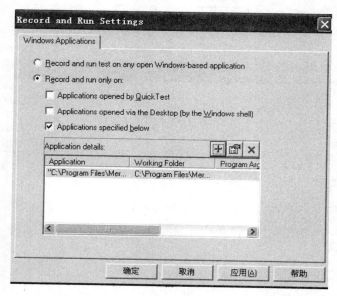

图 12-6 "Application specified below"选项

单击"+"按钮,在如图 12-7 所示的界面中添加"Flight"程序可执行文件所在的路径。

"Flight"程序的可执行文件可在 QTP 的安装目录找到,例如:C:\Program Files\Mercury Interactive\QuickTest Professional\samples\flight\app。

12.5.6 使用 QTP 编写第一个自动化测试脚本

设置成仅录制"Flight"程序后,选择菜单"Automation | Record",或按快捷键 F3,QTP将自动启动指定目录下的"Flight"程序,出现如图 12-8 所示的界面,并且开始录制所有基于"Flight"程序的界面操作。

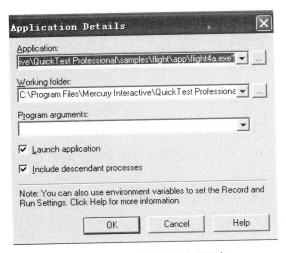

图 12-7 设置添加"Flight"程序

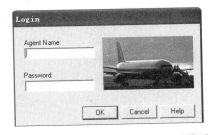

图 12-8 开始录制"Flight"的登录界面

这时,如果在其他应用程序的界面上做任何的操作,QTP 并不会将其录制下来,而是仅录制与"Flight"程序相关的界面操作。

按 F4 键停止录制后,将得到如图 12-9 所示的录制结果。在关键字视图中,可看到录制的测试操作步骤,每个测试步骤涉及的界面操作都会在"Active Screen"界面显示出来。

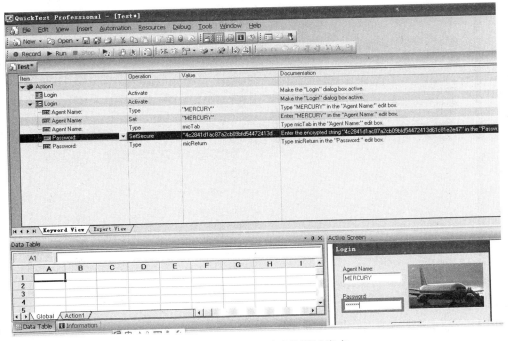

图 12-9 专家视图展示的测试脚本

切换到专家视图界面,则可看到如图 12-9 所示的测试脚本,这样就完成了一个最基本的测试脚本的编写。

12.6 LoadRunner 的基本介绍

LoadRunner 是一个强有力的压力测试工具。它的脚本可以录制生成,自动关联;测试场景可以面向指标,多方监控;测试结果可以用图表显示,并且可以拆分组合。

作为专业的性能测试工具,通过模拟成千上万的用户对被测系统进行操作和请求,能够在实验室环境中重现生产环境中可能出现的业务压力,再通过测试过程中获取的信息和数据来确认和查找软件的性能问题,分析性能瓶颈。

LoadRunner 是一种预测系统行为和性能的负载测试工具,主要由以下三部分组成。

(1) VuGen(虚拟用户生成器)用于捕获最终用户业务流程和创建自动性能测试脚本(也称为虚拟用户脚本)。

(2) Controller (控制器)用于组织、驱动、管理和监控负载测试。

(3) Analysis (分析器)用于查看、分析和比较性能结果。

LoadRunner 的主界面如图 12-10 所示。

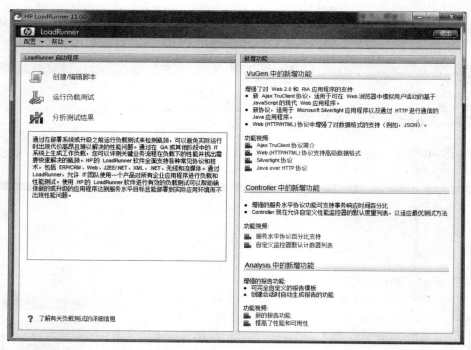

图 12-10 LoadRunner 主界面

12.6.1 LoadRunner 常用术语

(1) 场景(Scenario):场景即测试场景。在 LoadRunner 的 Controller 部件中,可以设计与执行用例的场景,设置场景的步骤主要包括:在 Controller 中选择虚拟用户脚本、设置虚拟用户数量、配置虚拟用户运行时的行为、选择负载发生器(Load Generator)、设置执行时间等。

（2）负载发生器（Load Generator）：用来产生压力的机器，受 Controller 控制，可以使用户脚本在不同的主机上执行。在性能测试工作中，通常由一个 Controller 控制多个 Load Generator 以对被测试系统进行加压。

（3）虚拟用户（Virtual User/Vuser）：对应于现实中的真实用户，使用 LoadRunner 模拟的用户称为虚拟用户。性能测试模拟多个用户操作可以理解为：这些虚拟用户在跑脚本，以模拟多个真正用户的行为。

（4）虚拟用户脚本（Vuser script）：通过 Vuser Generator 录制或开发的脚本。这些脚本用来模拟用户的行为。

（5）事务（Transaction）：测试人员可以将一个或多个操作步骤定义为一个事务，可以通俗地理解事务为"人为定义的一系列请求（请求可以是一个或者多个）"。在程序上，事务表现为被开始标记和结束标记圈定的一段代码区块。LoadRunner 根据事务的开头和结尾标记，计算事务响应时间、成功/失败的事务数。

（6）思考时间（Think Time）：即请求间的停顿时间。实际中，用户在进行一个操作后往往会停顿然后再进行下一个操作，为了更真实地模拟这种用户行为而引进该概念。在虚拟用户脚本中用函数 lr_think_time()来模拟用户处理过程，执行该函数时用户线程会按照相应的 time 值进行等待。

（7）集合点（Rendezvous）：设集合点是为了更好模拟并发操作。设了集合点后，运行过程中用户可以在集合点等待到一定条件后再一起发后续的请求。集合点在虚拟用户脚本中对应函数 lr_rendezvous()。

12.6.2　LoadRunner 工作流程

LoadRunner 基本工作流程如图 12-11 所示。

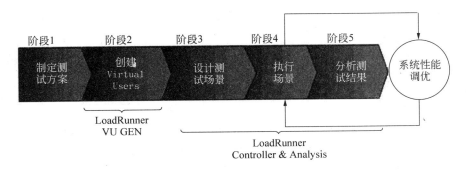

图 12-11　LoadRunner 基本工作流程

（1）制定测试计划：确定测试要求，如并发用户数量、典型业务场景流程。

（2）创建 Vuser 脚本：使用 Virtual User Generator 录制、编辑和完善测试脚本。

（3）设计测试场景：使用 LoadRunner Controller 设置测试场景。

（4）执行场景：使用 LoadRunner Controller 驱动、管理并监控场景的运行。

（5）分析测试结果：使用 LoadRunner Analysis 生成报告和图表并评估性能。

12.6.3 Virtual User Generator(VuGen)简介

在测试环境中,LoadRunner 在物理计算机上使用 Vuser 代替实际用户,Vuser 以一种可重复、可预测模拟典型的用户操作,对系统施加负载。

LoadRunner Virtual User Generator(VuGen)以"录制-回放"的方式工作。当您在应用程序中执行业务流程步骤时,VuGen 会将您的操作录制到自动化脚本中,并将其作为负载测试的基础。

在 LoadRunner Virtual User Generator(VuGen)中单击创建脚本,打开如图 12-12界面。

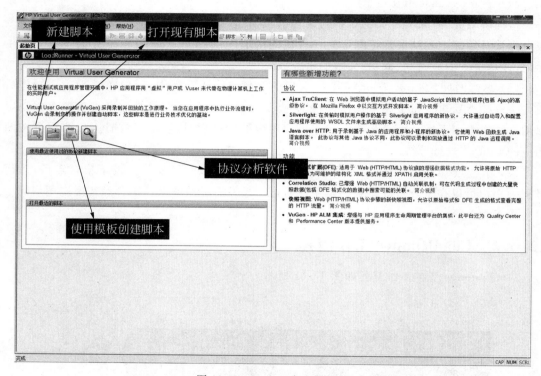

图 12-12 VuGen 发生器界面

在欢迎使用 Virtual User Generator 区域中,单击 New Script(新建脚本按钮)。这时将打开"新建虚拟用户"对话框,显示"新建单协议脚本"选项,如图 12-13 所示。

脚本协议分类表,如表 12-1 所示。

表 12-1 脚本协议汇总

应 用 类 型	建议选用协议
Web 网站(J2EE、.NET)	Web(HTTP/HTML)
FTP 服务器	File Transfer Protocol(FTP)
邮件服务器	Internet Messaging Application Protocol(IMAP)
	Post Office Protocol(POP3)
	Simple Mail Trans Protocol(SMTP)

续表

应 用 类 型		建议选用协议
C/S	客户端以 ADO、OLEDB 方式连接后台数据库	MS SQL Server
		Orical、Sybase、DB2、Informix
	以 ODBC 方式连接后台数据库	ODBC
	没有后台数据库	Socket
分布式组件		COM/DCOM、EJB
无线应用		WAP、PALM

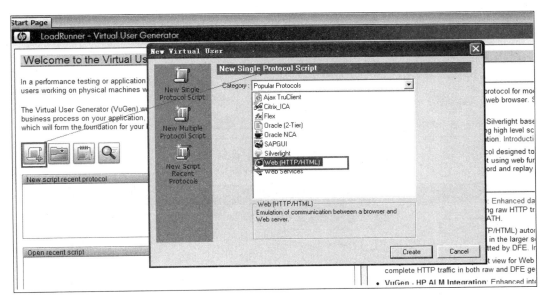

图 12-13　新建单协议脚本

12.6.4　设置运行时行为

通过 LoadRunner 运行时设置,可以模拟各种真实用户活动和行为。例如,您可以模拟一个对服务器输出立即做出响应的用户,也可以模拟一个先停下来思考,再做出响应的用户。另外还可以配置运行时设置来指定 Vuser 应该重复一系列操作的次数和频率。有一般运行时设置和专门针对某些 Vuser 类型的设置。例如,对于 Web 仿真,可以指示 Vuser 在 Netscape 而不是 Internet Explorer 中回放脚本。

1. 打开运行时设置对话框

确保"任务"窗格出现(如果未出现,请单击任务按钮)。单击任务窗格中的验证回放。在说明窗格内的标题运行时设置下单击打开运行时设置超链接。也可以按 F4 键或单击工具栏中的运行时设置按钮。这时将打开"运行时设置"对话框,如图 12-14 所示。

2. 设置运行逻辑脚本

在左窗格中选择运行逻辑节点,设置迭代次数或连续重复活动的次数,将迭代次数设置为 2,如图 12-15 所示。

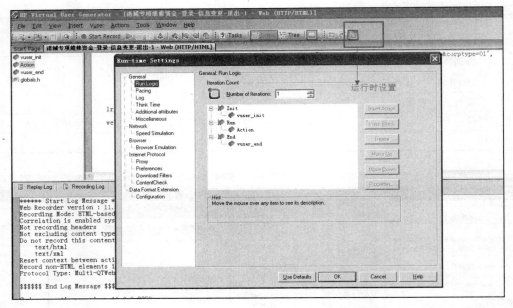

图 12-14　运行时设置

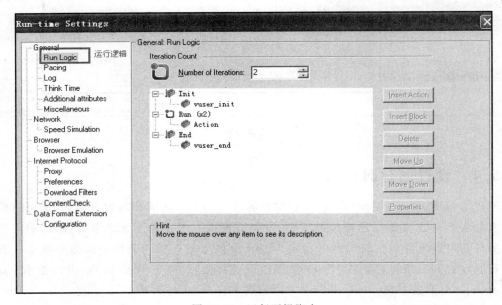

图 12-15　运行逻辑脚本

3. 配置步设置

在左窗格中选择步节点,此节点用于控制迭代时间间隔,可以指定一个随机时间。这样可以准确模拟用户在操作之间等待的实际时间,但使用随机时间间隔时,很难看到真实用户在重复之间恰好等待 60 秒的情况。选择第三个单选按钮并选择下列设置:时间随机,间隔60 000 到 90 000 秒,如图 12-16 所示。

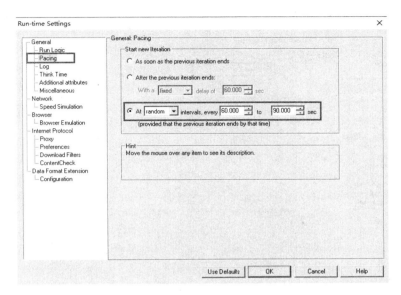

图 12-16　配置步设置

4. 配置日志设置

在左窗格中选择日志节点，日志设置指出要在运行测试期间记录的信息量、开发期间。您可以选择启用日志记录来调试脚本，但在确认脚本运行正常后，只能记录错误或禁用日志功能。选择扩展日志并启用参数替换，如图 12-17 所示。

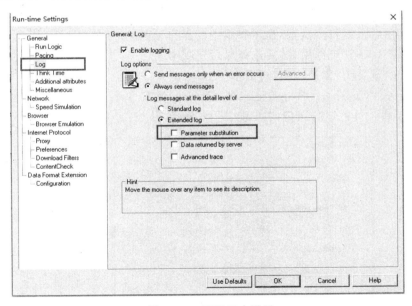

图 12-17　配置日志设置

5. 查看思考时间设置

在左窗格中单击思考时间节点。

注意：请勿进行任何更改。您可以在 Controller 中设置思考时间。注意，在 VuGen 中运行脚本时速度很快，因为它不包含思考时间，如图 12-18 所示。

163

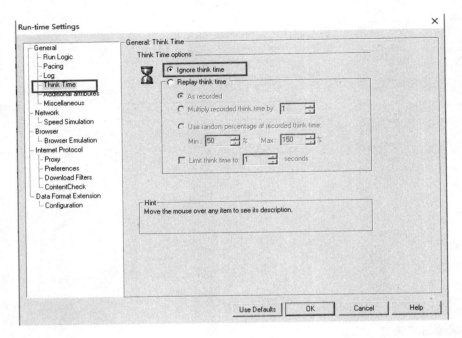

图 12-18　查看思考时间

12.6.5　查看脚本的运行情况

回放录制的脚本时,VuGen 的运行时查看器功能实时显示 Vuser 的活动情况。默认情况下,VuGen 在后台运行测试,不显示脚本中的操作动画。

(1) 选择工具→常规选项,然后选择显示选项卡。

(2) 单击确定关闭"常规选项"对话框。

(3) 在任务栏(Task)中单击验证回放(Replay)然后单击说明窗格底部的开始回放按钮,或者按 F5 和工具栏上的运行按钮,如图 12-19 和图 12-20 所示。

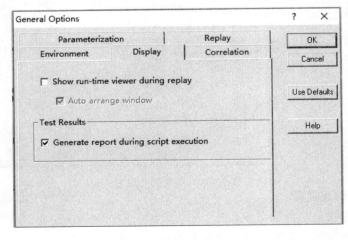

图 12-19　回放方式 1

图 12-20　回放方式 2

12.6.6　查看测试结果

回放录制的事件后,需要查看结果以确定是否全部成功通过。如果某个地方失败,则需要知道失败的时间以及原因。查看测试结果。

(1)要返回到向导,单击任务窗格中的验证回放。

(2)在标题验证下的说明窗格中,单击可视测试结果超链接。也可以选择"视图"→"测试结果"。这时将打开"测试结果"窗口,如下图 12-21 所示。

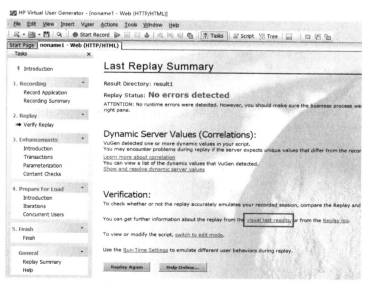

图 12-21　最终结果的查看方式

　　"测试结果"窗口首次打开时包含两个窗格："树"窗格（左侧）和"概要"窗格（右侧）。"树"窗格包含结果树。每次迭代都会进行编号。"概要"窗格包含关于测试的详细信息以及屏幕录制器视频（如果有的话）。在"概要"窗格中，指出哪些迭代通过了测试，哪些未通过。如果 VuGen 的 Vuser 按照原来录制的操作成功执行 HP Web Tours 网站上的所有操作，则认为测试通过，如图 12-22 所示。

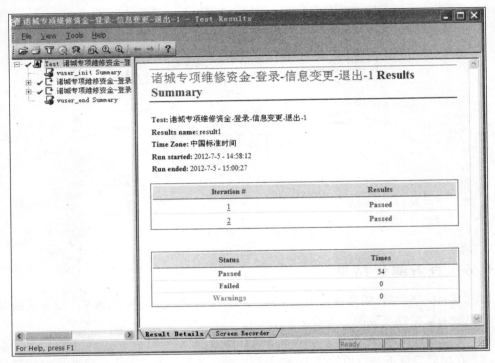

图 12-22　最终结果的展示

本章小结

　　本章先从整体上介绍了软件自动化测试，重点讲述了软件自动化测试的特点和定义。其次，本章还简单介绍了目前比较流程的软件自动化的工具，重点介绍了 QC、QTP、LR 三个工具的基本使用情况，并在此基础上开展了案例实践分析。

练习题

一、判断题

　　1. 黑盒测试工具一般是针对被测源程序进行的测试，测试所发现的故障可以定位到代码级。根据测试工具工作原理的不同，黑盒测试的自动化工具有静态测试和动态测试。　　　　　　　　　　　　　　　　　　　　　　　　　　　　　　　（　　）

2. Bugzilla 是一款软件测试管理工具。　　　　　　　　　　　　　　（　　）

3. 自动化测试的定义：使用一种自动化测试工具来验证各种软件测试的需求，它包括测试活动的管理与实施。　　　　　　　　　　　　　　　　　　　　　　　（　　）

4. 自动化测试最实际的应用与目的是自动化回归测试。　　　　　　　（　　）

5. 自动测试工具是直接执行被测程序以提供测试活动。　　　　　　　（　　）

二、选择题

1. 下列关于自动化测试工具的说法中，错误的是（　　　　）。

　　A. 采用录制\回放是不够的，还需要进行脚本编程，加入必需的检查点

　　B. 自动化测试并不是总能降低测试成本的，因为维护测试脚本的成本可能是非常昂贵的

　　C. 相对于手动测试而言，自动化测试具有更好的一致性和可重复性

　　D. 自动化测试能够改善混乱的测试过程

2. 下列哪些情况需要考虑引入自动化测试（　　　　）。

　　A. 需要重复执行很多次的测试

　　B. 只执行一次的测试

　　C. 不重要的测试

　　D. 很快有回报的测试

3. 正规的手动测试流程至少要包含以下的哪几个条件（　　　　）。

　　A. 规范的测试环境　　　　　　　　B. 详细的测试用例

　　C. 自动化脚本架构　　　　　　　　D. 执行结果

4. 引入自动化测试工具时，属于次要考虑因素的是（　　　　）。

　　A. 与测试对象进行交互的质量　　　B. 使用的脚本语言类型

　　C. 工具支持的平台　　　　　　　　D. 厂商的支持和服务质量

5. 下列关于自动化测试工具的说法中，错误的是（　　　　）。

　　A. 录制/回放可能是不足够的，还需要进行脚本编程

　　B. 既可用于功能测试，也可用于非功能测试

　　C. 自动化测试工具适用于回归测试

　　D. 自动化测试关键的时候能代替手工测试

三、简答题

1. 项目周期短的项目使用自动测试好还是使用手动测试好，请说明原因？

2. 你是如何计划自动化测试的？

3. 自动化测试可以代替手工测试吗？

第 13 章 软件测试文档

本章目标
- 掌握测试文档的定义、内容
- 掌握软件生命周期各阶段的测试任务和可交付的文档
- 掌握测试用例所包含的文档

本章单词

planning：_____

test cases：_____

testing procedure：_____

test documentation：_____

每一个测试项目过程中都会产生很多文档,从项目启动前的计划书到项目结束后的总结报告,有产品需求、测试计划、测试用例和各种重要会议的会议记录等。软件测试文件就为了实现这些目的,对测试中的要求、过程及测试结果以正式的文件形式写出,所以说测试文件的编写是测试的重要组成部分。有必要将文档管理融入项目管理中去,成为项目管理很重要的一个环节。由此可见软件测试文档在软件测试过程中是多么重要,那什么是软件测试文档,软件测试文档有哪些,这些测试文档的格式如何?

13.1　测试文档

13.1.1　测试文档的定义

1. 测试文档的定义

测试文档(Testing Documentation)记录和描述了整个测试流程,它是整个测试活动中非常重要的文件。测试过程实施所必备的核心文档是:测试计划、测试用例(大纲)和软件测试报告。

2. 测试文档的重要性

软件测试是一个很复杂的过程,涉及软件开发其他阶段的工作,对于提高软件质量、保证软件正常运行有着十分重要的意义,因此必须把对测试的要求、过程及测试结果以正式的文档形式写下来。软件测试文档用来描述要执行的测试及测试的结果。可以说,测试文档的编制是软件测试工作规范化的一个重要组成部分。

软件测试文档不只在测试阶段才开始考虑,它应在软件开发的需求分析阶段就开始着手编制,软件开发人员的一些设计方案也应在测试文档中得到反映,以利于设计的检验。测试文档对于测试阶段的工作有着非常明显的指导作用和评价作用。即便在软件投入运行的维护阶段,也常常要进行再测试或回归测试,这时仍会用到软件测试文档。

13.1.2　测试文档的内容

整个测试流程会产生很多个测试文档,一般可以把测试文档分为两类:测试计划和测试分析报告。

测试计划文档描述将要进行的测试活动的范围、方法、资源和时间进度等。测试计划中罗列了详细的测试要求,包括测试的目的、内容、方法、步骤以及测试的准则等。在软件的需求和设计阶段就要开始制定测试计划,不能在开始测试的时候才制定测试计划。通常,测试计划的编写要从需求分析阶段开始,直到软件设计阶段结束时才完成。

测试报告是执行测试阶段的测试文档,对测试结果进行分析说明,说明软件经过测试以后,结论性的意见如何,软件的能力如何,存在哪些缺陷和限制等。这些意见既是对软件质量的评价,又是决定该软件能否交付用户使用的依据。由于要反映测试工作的情况,自然应该在测试阶段编写。

测试报告包含了相应的测试项的执行细节。软件测试报告是软件测试过程中最重要的文档,记录问题发生的环境,如各种资源的配置情况,问题的再现步骤以及问题性质的说明。

测试报告更重要的是还记录了问题的处理进程,而问题的处理进程从一定角度上反映了测试的进程和被测软件的质量状况以及改善过程。

《计算机软件测试文档编制规范》国家标准给出了更具体的测试文档编制建议,其中包括以下几个内容。

1. 测试计划

描述测试活动的范围、方法、资源和进度,其中规定了被测试的对象、被测试的特性、应完成的测试任务、人员职责及风险等。

2. 测试设计规格说明

详细描述测试方法,测试用例设计以及测试通过的准则等。

3. 测试用例规格说明

测试用例文档描述一个完整的测试用例所需要的必备因素,如输入、预期结果、测试执行条件以及对环境的要求、对测试规程的要求等。

4. 测试步骤规格说明

测试规格文档指明了测试所执行活动的次序,规定了实施测试的具体步骤。它包括测试规程清单和测试规程列表两部分。

5. 测试日志

日志是测试小组对测试过程所做的记录。

6. 测试事件报告

报告说明测试中发生的一些重要事件。

7. 测试总结报告

对测试活动所做的总结和结论。

上述测试文档中,前 4 项属于测试计划类文档,后 3 项属于测试分析报告类文档。

13.1.3 软件生命周期各阶段的测试任务与可交付的文档

通常软件生命周期可分为以下 6 个阶段:需求阶段、功能设计阶段、详细设计阶段、编码阶段、软件测试阶段以及运行/维护阶段。相邻两个阶段之间可能存在一定程度的重复以保证阶段之间的顺利衔接,但每个阶段的结束有一定的标志,例如已经提交可交付文档等。

1. 需求阶段

(1) 测试输入

需求计划(来自开发)。

(2) 测试任务

① 制定验证和确认测试计划;

② 对需求进行分析和审核;

③ 分析并设计基于需求的测试,构造对应的需求覆盖或追踪矩阵。

(3) 可交付的文档

① 验收测试计划(针对需求设计);

② 验收测试报告(针对需求设计)。

2．功能设计阶段

（1）测试输入

功能设计规格说明（来自开发）。

（2）测试任务

① 功能设计验证和确认测试计划；

② 分析和审核功能设计规格说明；

③ 可用性测试设计；

④ 分析并设计基于功能的测试，构造对应的功能覆盖矩阵；

⑤ 实施基于需求和基于功能的测试。

（3）可交付的文档

① 主确认测试计划；

② 验收测试计划（针对功能设计）；

③ 验收测试报告（针对功能设计）。

3．详细设计阶段

（1）测试输入

详细设计规格说明（来自开发）。

（2）测试任务

① 详细设计验收测试计划；

② 分析和审核详细设计规格说明；

③ 分析并设计基于内部的测试。

（3）可交付的文档

① 详细确认测试计划；

② 验收测试计划（针对详细设计）；

③ 验收测试报告（针对详细设计）；

④ 测试设计规格说明。

4．编码阶段

（1）测试输入

代码（来自开发）。

（2）测试任务

① 代码验收测试计划；

② 分析代码；

③ 验证代码；

④ 设计基于外部的测试；

⑤ 设计基于内部的测试。

（3）可交付的文档

① 测试用例规格说明；

② 需求覆盖或追踪矩阵；

③ 功能覆盖矩阵；

④ 测试步骤规格说明；

⑤ 验收测试计划（针对代码）；

⑥ 验收测试报告（针对代码）。

5．测试阶段

（1）测试输入

① 要测试的软件；

② 用户手册。

（2）测试任务

① 制订测试计划；

② 审查由开发部门进行的单元和集成测试；

③ 进行功能测试；

④ 进行系统测试；

⑤ 审查用户手册。

（3）可交付的文档

① 测试记录；

② 测试事故报告；

③ 测试总结报告。

6．运行/维护阶段

（1）测试输入

① 已确认的问题报告；

② 软件生命周期。软件生命周期是一个重复的过程。如果软件被修改了，开发和测试活动都要回归到与修改相对应的生命周期阶段。

（2）测试任务

① 监视验收测试；

② 为确认的问题开发新的测试用例；

③ 对测试的有效性进行评估。

（3）可交付的文档

可升级的测试用例库。

13.2　测试计划

软件测试是一个有组织有计划的活动，应当给予充分的时间和资源进行测试计划，这样软件测试才能在合理的控制下正常进行。测试计划（Test Planning）作为测试的起始步骤，是整个软件测试过程的关键管理者。

13.2.1　测试计划的定义

测试计划规定了测试各个阶段所要使用的方法策略、测试环境、测试通过或失败的准则等内容。有关部门将测试计划定义为："一个叙述了预定的测试活动的范围、途径、资源及进度安排的文档。它确认了测试项、被测特征、测试任务、人员安排，以及任何偶发事件的风险。"

13.2.2　测试计划的目的和作用

　　测试计划的目的是明确测试活动的意图。它规范了软件测试内容、方法和过程，为有组织地完成测试任务提供保障。专业的测试必须以一个好的测试计划作为基础。尽管测试的每一个步骤都是独立的，但是必须要有一个起到框架结构作用的测试计划。

13.2.3　测试计划书

　　测试计划文档化就成为测试计划书，包含总体计划也包含分级计划，是可以更新改进的文档。从文档的角度看，测试计划书是最重要的测试文档，完整细致并具有远见性的计划书会使测试活动安全顺利地向前进行，从而确保所开发的软件产品的高质量。

13.2.4　测试计划的内容

　　软件测试计划是整个测试过程中最重要的部分，为实现可管理且高质量的测试过程提供基础。测试计划以文档形式描述软件测试预计达到的目标，确定测试过程所要采用的方法策略。测试计划包括测试目的、测试范围、测试对象、测试策略、测试任务、测试用例、资源配置、测试结果分析和度量以及测试风险评估等，测试计划应当足够完整但也不应当太详尽。借助软件测试计划，参与测试的项目成员，尤其是测试管理人员，可以明确测试任务和测试方法，保持测试实施过程的顺畅沟通，跟踪和控制测试进度，应对测试过程中的各种变更。因此一份好的测试计划需要综合考虑各种影响测试的因素。

　　实际的测试计划内容因不同的测试对象而灵活变化，但通常来说一个正规的测试计划应该包含以下几个项目，也可以看作是通用的测试计划样本以供参考。

　　(1) 测试的基本信息

　　包括测试目的、背景、测试范围等。

　　(2) 测试的具体目标

　　列出软件需要进行的测试部分和不需要进行的测试部分。

　　(3) 测试的策略。

　　测试人员采用的测试方法，如回归测试、功能测试、自动测试等。

　　(4) 测试的通过标准

　　测试是否通过的界定标准以及没有通过情况的处理方法。

　　(5) 停测标准

　　给出每个测试阶段停止测试的标准。

　　(6) 测试用例

　　详细描述测试用例，包括测试值、测试操作过程、测试期待值等。

　　(7) 测试的基本支持

　　测试所需硬件支持、自动测试软件等。

　　(8) 部门责任分工

　　明确所有参与软件管理、开发、测试、技术支持等部门的责任细则。

（9）测试人力资源分配

列出测试所需人力资源以及软件测试人员的培训计划。

（10）测试进度安排

制定每一个阶段的详细测试进度安排表。

（11）风险估计和危机处理

估计测试过程中潜在的风险以及面临危机时的解决办法。

一个理想的测试计划应该体现以下几个特点：

① 在检测主要缺陷方面有一个好的选择；

② 提供绝大部分代码的覆盖率；

③ 具有灵活性；

④ 易于执行、回归和自动化；

⑤ 定义要执行测试的种类；

⑥ 测试文档明确说明期望的测试结果；

⑦ 当缺陷被发现时提供缺陷核对；

⑧ 明确定义测试目标；

⑨ 明确定义测试策略；

⑩ 明确定义测试通过标准；

⑪ 没有测试冗余；

⑫ 确认测试风险；

⑬ 文档化确定测试的需求；

⑭ 定义可交付的测试件。

软件测试计划是整个软件测试流程工作的基本依据，测试计划中所列条目在实际测试中必须一一执行。在测试的过程中，若发现新的测试用例，就要尽早补充到测试计划中。若预先制订的测试计划项目在实际测试中不适用或无法实现，那么也要尽快对计划进行修改，使计划具有可行性。

13.2.5　软件测试计划的制订

测试的计划与控制是整个测试过程中最重要的阶段，它为实现可管理且高质量的测试过程提供基础。这个阶段需要完成的主要工作内容是：拟定测试计划，论证那些在开发过程中难于管理和控制的因素，明确软件产品的最重要部分（风险评估）。

1. 概要测试计划

概要测试计划在软件开发初期制订，其内容包括：

（1）定义被测试对象和测试目标；

（2）确定测试阶段和测试周期的划分；

（3）制定测试人员，软、硬件资源和测试进度等方面的计划；

（4）明确任务与分配及责任划分；

（5）规定软件测试方法、测试标准。比如，语句覆盖率达到 98%，三级以上的错误改正率达 98% 等；

（6）所有决定不改正的错误都必须经专门的质量评审组织同意；

（7）支持环境和测试工具等。

2．详细测试计划

详细测试计划是测试者或测试小组的具体的测试实施计划，它规定了测试者负责测试的内容、测试强度和工作进度，是检查测试实际执行情况的重要标准。

详细测试计划的主要内容有：计划进度和实际进度对照表；测试要点；测试策略；尚未解决的问题和障碍。

（1）制定主要内容

计划进度和实际进度对照表；测试要点；测试策略；尚未解决的问题和障碍。

（2）制定测试大纲（用例）

测试大纲是软件测试的依据，保证测试功能不被遗漏，并且功能不被重复测试，使得能合理安排测试人员，使得软件测试不依赖于个人。

测试大纲包括：测试项目、测试步骤、测试完成的标准以及测试方式（手动测试或自动测试）。测试大纲不仅是软件开发后期测试的依据，而且在系统的需求分析阶段也是质量保证的重要文档和依据。无论是自动测试还是手动测试，都必须满足测试大纲的要求。

测试大纲的本质：从测试的角度对被测对象的功能和各种特性的细化和展开。针对系统功能的测试大纲是基于软件质量保证人员对系统需求规格说明书中有关系统功能定义的理解，将其逐一细化展开后编制而成的。

测试大纲的好处：保证测试功能不被遗漏，使得软件功能不被重复测试，合理安排测试人员，使得软件测试不依赖于个人。测试大纲不仅是软件开发后期测试的依据，而且在系统的需求分析阶段也是质量保证的重要文档和依据。

（3）制定测试通过或失败的标准

测试标准为可观的陈述，它指明了判断/确认测试在何时结束，以及所测试的应用程序的质量。测试标准可以是一系列的陈述或对另一文档（如测试过程指南或测试标准）的引用。

测试标准应该指明：

① 确切的测试目标；

② 度量的尺度如何建立；

③ 使用了哪些标准对度量进行评价。

（4）制定测试挂起标准和恢复的必要条件

指明挂起全部或部分测试项的标准，并指明恢复测试的标准及其必须重复的测试活动。

（5）制定测试任务安排

明确测试任务，对每项任务都必须明确 7 个主题。

① 任务：用简洁的句子对任务加以说明；

② 方法和标准：指明执行该任务时，应该采用的方法以及所应遵守的标准；

③ 输入输出：给出该任务所必需的输入输出；

④ 时间安排：给出任务的起始和持续时间；

⑤ 资源：给出任务所需要的人力和物力资源；

⑥ 风险和假设：指明启动该任务应满足的假设，以及任务执行可能存在的风险；

⑦ 角色和职责：指明由谁负责该任务的组织和执行，以及谁将担负怎样的职责。

（6）制定应交付的测试工作产品

指明应交付的文档、测试代码和测试工具，一般包括这些文档：测试计划、测试方案、测试用例、测试规程、测试日志、测试总结报告、测试输入与输出数据、测试工具。

（7）制定工作量估计

给出前面定义任务的人力需求和总计。

（8）编写测试方案文档

测试方案文档是设计测试阶段文档，指明为完成软件或软件集成的特性测试而进行的设计测试方法的细节文档。

13.3　测试用例设计

13.3.1　测试用例

测试用例（Test Case）是为了高效率地发现软件缺陷而精心设计的少量测试数据。实际测试中，由于无法达到穷举测试，所以要从大量输入数据中精选有代表性或特殊性的数据来作为测试数据。好的测试用例应该能发现尚未发现的软件缺陷。

13.3.2　测试用例文档应包含以下内容

测试用例表如表 13-1 所示。对其中一些项目做如下说明。

表 13-1　测试用例表

用例编号		测试模块		
编制人		编制时间		
开发人员		程序版本		
测试人员		测试负责人		
用例级别				
测试目的				
测试内容				
测试环境				
规则指定				
执行操作				
测试结果	步骤	预期结果		实测结果
	1			
	2			
	……			
备注				

（1）测试项目：指明并简单描述本测试用例是用来测试哪些项目、子项目或软件特性的。

（2）用例编号：对该测试用例分配唯一的标识号。

（3）用例级别：指明该用例的重要程度。测试用例的级别分为 4 级：级别 1（基本）、级别 2（重要）、级别 3（详细）、级别 4（生僻）。

（4）执行操作：执行本测试用例所需的每一步操作。

（5）预期结果：描述被测项目或被测特性所希望或要求达到的输出或指标。

（6）实测结果：列出实际测试时的测试输出值，判断该测试用例是否通过。

（7）备注。如需要，则填写"特殊环境需求（硬件、软件、环境）""特殊测试步骤要求""相关测试用例"等信息。

测试用例清单主要是统计每个不同的模块其对应的测试用例是什么。

测试用例清单如表 13-2 所示。

表 13-2　测试用例清单

项目编号	测试项目	子项目编号	测试子项目	测试用例编号	测试结论	结论
1		1		1		
……		……		……		
总数						

13.4　测试总结报告

测试总结报告主要包括测试结果统计表、测试问题表和问题统计表、测试进度表、测试总结表等。

13.4.1　测试结果统计表

测试结果统计表主要是对测试项目进行统计，统计计划测试项和实际测试项的数量，以及测试项通过多少、失败多少等。测试结果统计表如表 13-3 所示。

表 13-3　测试结果统计表

	计划测试项	实际测试项	【Y】项	【P】项	【N】项	【N/A】项	备注
数量							
百分比							

其中，【Y】表示测试结果全部通过，【P】表示测试结果部分通过，【N】表示测试结果绝大多数没通过，【N/A】表示无法测试或测试用例不适合。

另外，根据表 13-3，可以按照下列两个公式分别计算测试完成率和覆盖率，作为测试总结报告的重要数据指标。

$$测试完成率＝实际测试项数量/计划测试项数量×100\%$$
$$测试覆盖率＝【Y】项的数量/计划测试项数量×100\%$$

13.4.2　测试问题表和问题统计表

测试问题表如表 13-4 所示,问题统计表如表 13-5 所示。

表 13-4　测试问题表

问题号	
问题描述	
问题级别	
问题分析与策略	
避免措施	
备注	

在表 13-4 中,问题号是测试过程所发现的软件缺陷的唯一标号,问题描述是对问题的简要介绍,问题级别在表 13-5 中有具体分类,问题分析与策略是对问题的影响程度和应对的策略进行描述,避免措施是提出问题的预防措施。

表 13-5　问题统计表

	严重问题	一般问题	微小问题	其他统计项	问题合计
数量					
百分比					

从表 13-5 得出,问题级别基本可分为严重问题、一般问题和微小问题。根据测试结果的具体情况,级别的划分可以有所更改。例如,若发现极其严重的软件缺陷,可以在严重问题级别的基础上,加入特殊严重问题级别。

13.4.3　测试进度表

测试进度表如表 13-6 所示,用来描述关于测试时间、测试进度的问题。根据表 13-6,可以对测试计划中的时间安排和实际的执行时间状况进行比较,从而得到测试的整体进度情况。

表 13-6　测试进度表

测试项目	计划起始时间	计划结束时间	实际起始时间	实际结束时间	进度描述

13.4.4　测试总结表

测试总结表包括测试工作的人员参与情况和测试环境的搭建模式,并且对软件产品的质量状况做出评价,对测试工作进行总结。测试总结表模板如表 13-7 所示。

表 13-7　测试总结表

项目编号		项目名称	
项目开发经理		项目测试经理	
测试人员			
测试环境(软件、硬件)			
软件总体描述：			
测试工作总结：			

本章小结

　　本章从整个测试过程中介绍了所产生的所有测试文档,针对不同的测试文档所关注的重点不同进行一些具体内容以及一些表格的设计。

练习题

一、判断

　　1. 测试计划规定了测试各个阶段所要使用的测试要求、测试的目的、方法、步骤、测试的准则等内容。　　　　　　　　　　　　　　　　　　　　　　　　　　　　(　　)

　　2. 测试过程实施所必备的核心文档是：测试用例、测试报告。　　　　　　　　(　　)

　　3. 测试用例是为了高效率地发现软件缺陷而精心设计的少量测试数据。　　　　(　　)

　　4. 在测试执行过程中,测试阶段可交付的文档测试记录、测试事故报告、测试总结报告。　　　　　　　　　　　　　　　　　　　　　　　　　　　　　　　　(　　)

　　5. 在功能设计阶段中,测试设计的依据是测试用例。　　　　　　　　　　　　(　　)

二、选择题

　　1. 与设计测试用例无关的文档是(　　　　)。

　　　　A. 项目开发计划　　　　　　　　　　B. 需求规格说明书

　　　　C. 设计说明书　　　　　　　　　　　D. 源程序

　　2. 用户文档测试中不包括的是(　　　　)。

　　　　A. 用户需求说明　　　　　　　　　　B. 操作指南

　　　　C. 用户手册　　　　　　　　　　　　D. 随机帮助

　　3. 测试计划的要点中不包括的是(　　　　)。

　　　　A. 测试项目及其标准　　　　　　　　B. 测试背景

　　　　C. 测试方法　　　　　　　　　　　　D. 测试资源

4. 对测试基础文档进行分析,从而决定测试什么,这是在( )下面。

  A. 测试设计规格说明   B. 测试用例规格说明

  C. 测试规程规格说明   D. 用户需求规格说明

5. 下面的( )不属于基本测试过程的计划和控制步骤的任务。

  A. 定义入口和出口准则   B. 选择合适的度量项

  C. 确定测试的范围和风险   D. 创建测试设计规范说明

三、简答题

1. 选择一个小型应用系统,为其做出系统测试的计划书。

2. 选择一个小型应用系统,为其做出系统测试的测试用例。

3. 选择一个小型应用系统,为其做出系统测试的测试总结报告。

第 14 章　软件质量保障与软件测试

本章目标

- 了解软件质量的要求
- 了解软件质量模型
- 掌握软件质量保障体系
- 掌握软件质量保障与测试的关系以及区别

本章单词

SQA：_____　　QA：_____

QC：_____　　ISO：_____

14.1　软件质量的定义

1979 年,Fisher 和 Light 将软件质量定义为表征计算机系统卓越程度的所有属性的集合。

1982 年,Fisher 和 Baker 将软件质量定义为软件产品满足明确需求一组属性的集合。

20 世纪 90 年代,Norman、Robin 等人将软件质量定义为表征软件产品满足明确和隐含需求的能力的特性或特征的集合。

1994 年,国际标准化组织公布的国际标准 ISO 8042 综合将软件质量定义为反映实体满足明确和隐含需求的能力的特性的总和。

综上所述,软件质量是产品、组织和体系或过程的一组固有特性,反映它们满足顾客和其他相关方面要求的程度。如 CMU SEI 的 Watts Humphrey 指出:"软件产品必须提供用户所需的功能,如果做不到这一点,什么产品都没有意义。其次,这个产品能够正常工作。如果产品中有很多缺陷,不能正常工作,那么不管这种产品性能如何,用户也不会使用它。"而 Peter Denning 强调:"越是关注客户的满意度,软件就越有可能达到质量要求。程序的正确性固然重要,但不足以体现软件的价值。"

GB/T 11457—2006《软件工程术语》中定义软件质量为:

(1) 软件产品中能满足给定需要的性质和特性的总体;

(2) 软件具有所期望的各种属性的组合程度;

(3) 顾客和用户觉得软件满足其综合期望的程度;

(4) 确定软件在使用中将满足顾客预期要求的程度。

14.2　软件质量的模型

14.2.1　McCall 质量模型

McCall 质量模型是 1977 年由 McCall 等人提出的软件质量模型。它将软件质量的概念建立在 11 个质量特性之上,而这些质量特性分别是面向软件产品的运行、修正和转移的,具体见图 14-1。

14.2.2　Bohm 质量模型

Bohm 质量模型是 1978 年由 Bohm 等提出的分层方案,将软件的质量特性定义成分层模型,如图 14-2 所示。

14.2.3　ISO 的软件质量模型

按照 ISO/IEC 9126-1：2001,软件质量模型可以分为:内部质量和外部质量模型、使用质量模型,而质量模型中又将内部和外部质量分成六个质量特性,将使用质量分成四个质量属性,具体见图 14-3 和 14-4。

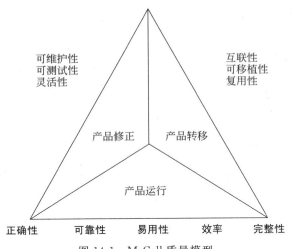

图 14-1　McCall 质量模型

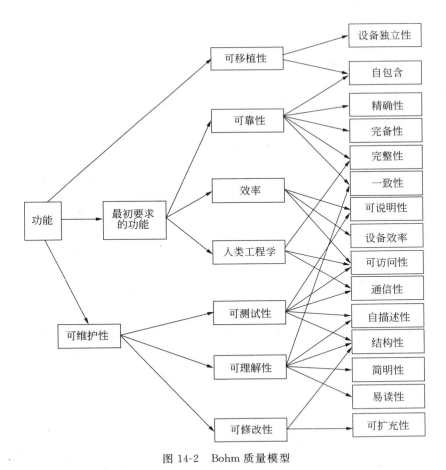

图 14-2　Bohm 质量模型

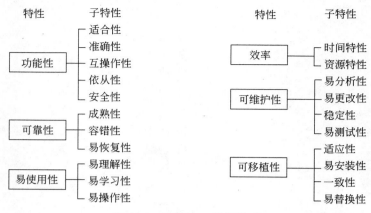

图 14-3   ISO 9126 质量模型

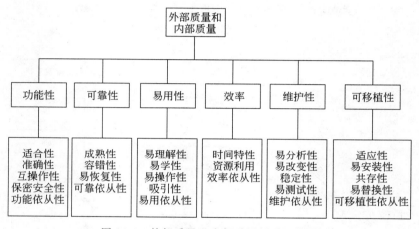

图 14-4   外部质量和内部质量的质量模型

14.3   软件质量要素

1. 功能性

与一组功能及其指定性质有关的一组属性,这里的功能是满足明确或隐含的需求的那些功能。

(1) 完备性。软件功能完整,齐全有关的软件属性。

(2) 正确性。能否得到正确或相符结果或效果有关的软件属性。

2. 可靠性

在规定的一段时间和条件下,与软件维持其性能水平的能力有关的一组属性。

(1) 可用度。软件运行后在任一随机时刻需要执行规定任务或完成规定功能时,软件处于可使用状态的概率。

(2) 初期故障率。软件在初期故障期(一般为软件交付用户后的 3 个月)内单位时间

（100 小时）的故障数。

（3）偶然故障率。软件在偶然故障期（一般为软件交付用户后的 4 个月以后）内单位时间的故障数。

（4）平均失效前时间（MTTF）。软件在失效前正常工作的平均统计时间。

（5）平均失效间隔时间（MTBF）。软件在相继两次失效之间正常工作的平均统计时间。一般民用软件大概在 1000 小时左右。

（6）缺陷密度（FD）。软件单位源代码（1000 行无注释）中隐藏的缺陷数量。典型统计表明，开发阶段平均 50～60 个缺陷/千行源码，交付后平均 15～18 个缺陷/千行源码。

（7）平均失效恢复时间（MTTR）。软件失效后恢复正常工作所需的平均统计时间。

3. 易用性

由一组规定或潜在的用户为使用软件所需做的努力和所做的评价有关的一组属性。

（1）易理解性

用户认识软件的逻辑概念及其应用范围所花的努力有关的软件属性。

（2）易学习性

用户为学习软件（运行控制、输入、输出等）所花的努力有关的软件属性。

（3）易操作性

用户为操作和运行控制所花的努力有关的软件属性。

4. 效率性

与在规定条件下软件的性能水平与所使用资源量之间关系有关的一组属性。

（1）输出结果更新周期。软件相邻两次输出结果的间隔时间。

（2）处理时间。软件完成某项功能（辅助计算或决策）所用的处理时间（不含人机交互的时间）。

（3）吞吐量。单位时间软件的信息处理能力（各种目标的处理批数）。

（4）代码规模。软件源程序的行数（不含注释），属于软件的静态属性。

5. 可维护性

与进行指定的修改所需的努力有关的一组属性。

6. 可移植性

与软件从一个环境转移到另一个环境的能力有关的一组属性。

14.4　软件质量保证（SQA）

软件质量保证（SQA）的目标是建立一套有计划、有系统的方法，来向管理层保证拟定的标准、步骤、实践和方法能够正确地被项目所采用。

14.4.1　基本目标

目标 1：软件质量保证工作是有计划进行的。

目标 2：客观地验证软件项目产品和工作是否遵循恰当的标准、步骤和需求。

目标 3：将软件质量保证工作及结果通知给相关组别和个人。

目标 4：高级管理层接触到在项目内部不能解决的不符合类问题。

14.4.2　品质保证人员（QA）

QA（Quality Assurance，品质保证）在早期的职责就是测试（主要是系统测试），后来，由于缺乏有效的项目计划和项目管理，留给系统测试的时间很少。另外，需求变化太快，没有完整的需求文档，测试人员就只能根据自己的想象来测试。这样一来，测试就很难保障产品的质量，事先预防的 QA 职能就应运而生。

事先预防其实也是符合软件工程"缺陷越早发现越早修改越经济"的原则。这些思想的渊源还可以追溯到中国古代的典故中，比如扁鹊论医术这个典故。

目前，实施 CMM 的企业越来越多了。CMM 模型就要求建立 QA 角色。这里的 QA 类似于过程警察，主要职责是检查开发和管理活动是否与已定的过程策略、标准和流程一致；检查工作产品是否遵循模板规定的内容和格式。在这些企业中，一般还要求 QA 独立于项目组，以保障评价的客观性。QA 工作本身就很具挑战性。它要求 QA 具有软件工程、软件开发、行业背景、数理统计、项目管理、质量管理的知识等。

我们都知道一个项目的主要内容是：成本、进度、质量。良好的项目管理就是综合三方面的因素，平衡三方面的目标，最终依照目标完成任务。项目的这三个方面是相互制约和影响的，有时对这三方面的平衡策略甚至成为一个企业级的要求，决定了企业的行为。我们知道 IBM 的软件是以质量为最重要目标的，而微软的"足够好的软件"策略更是耳熟能详，这些质量目标其实立足于企业的战略目标。所以用于进行质量保证的 SQA 工作也应当立足于企业的战略目标。

软件界已经达成共识：影响软件项目进度、成本、质量的因素主要是"人、过程、技术"。首先要明确的是这三个因素中，人是第一位的。

在很多企业中，将 SQA 的工作和 QC、SEPG、组织级的项目管理者的工作混合在一起了，有时甚至更加注重其他方面的工作而没有做好 SQA 的本职工作。

14.4.3　QA 与 QC 的区别

两者基本职责如下。

（1）QC：检验产品的质量，保证产品符合客户的需求，是产品质量检查者。

（2）QA：审计过程的质量，保证过程被正确执行，是过程质量审计者。

检查和审计的不同点如下。

（1）检查：就是我们常说的是挑毛病的。

（2）审计：来确认项目按照要求进行的证据；仔细看看 CMM 中各个 KPA 中 SQA 的检查采用的术语大量用到了"证实"，审计的内容主要是过程的；对照 CMM 看一下项目经理和高级管理者的审查内容，他们更加关注具体内容。

对照上面的管理体系模型，QC 进行质量控制，向管理层反馈质量信息；QA 则确保 QC 按照过程进行质量控制活动，按照过程将检查结果向管理层汇报。这就是 QA 和 QC 工作的关系。

在这样的分工原则下，QA 只要检查项目按照过程进行了某项活动没有，产出了某个产品没有；而 QC 来检查产品是否符合质量要求。

如果企业原来具有 QC 人员并且 QA 人员配备不足,可以先确定由 QC 兼任 QA 工作。但是只能是暂时的,因为 QC 工作也是要遵循过程要求的,也是要被审计过程的。这种混合情况,难以保证 QC 工作的过程质量。

14.4.4　SQA 活动

软件质量保证(SQA)是一种应用于整个软件过程的活动,它包含:

(1) 一种质量管理方法;

(2) 有效的软件工程技术(方法和工具);

(3) 在整个软件过程中采用的正式技术评审;

(4) 一种多层次的测试策略;

(5) 对软件文档及其修改的控制;

(6) 保证软件遵从软件开发标准;

(7) 度量和报告机制。

SQA 小组的职责是辅助软件工程小组得到高质量的最终产品。SQA 小组完成:

(1) 为项目准备 SQA 计划。该计划在制定项目规定和计划时确定,由所有感兴趣的相关部门评审;

(2) 参与开发项目的软件过程描述。评审过程描述以保证该过程与组织政策、内部软件标准,外界标准以及项目计划的其他部分相符;

(3) 评审各项软件工程活动,对其是否符合定义好的软件过程进行核实。记录、跟踪与过程的偏差;

(4) 审计指定的软件工作产品,对其是否符合事先定义好的需求进行核实。对产品进行评审,识别、记录和跟踪出现的偏差;对是否已经改正进行核实;定期将工作结果向项目管理者报告;

(5) 确保软件工作及产品中的偏差已记录在案,并根据预定的规程进行处理;

(6) 记录所有不符合的部分并报告给高级领导者。

14.5　软件质量保证与软件测试

软件测试和软件质量保证是软件质量工程的两个不同层面的工作。软件测试只是软件质量保证工作的一个重要环节。

质量保证(QA)的工作是通过预防、检查和改进来保证软件质量。QA 采取的方法主要是按照"全面质量管理"和"过程管理并改进"的原来展开工作。在质量保证的工作中会掺入一些测试活动,但它所关注的是软件质量的检查和测量。因此,其主要工作是着眼于软件开发活动中的过程、步骤和产物,并不是对软件进行剖析,找出问题和评估。

测试虽然也与开发过程紧密相关,但它所关心的不是过程的活动,相对的是关心结果。测试人员要对过程中的产物(开发文档和源代码)进行静态审核,运行软件,找出问题,报告质量甚至评估,而不是为了验证软件的正确性。当然,测试的目的是为了去证明软件有错,否则就违背了测试人员的本职了。因此,测试虽然对提高软件质量起了关键的作用,但它只是软件质量保证中的一个重要环节。

很少有人从非技术角度去分析这两者的区别。从公司业务出发，QA的工作是相对前置的，并可能含有某种公关性质的；而软件测试相对后置，是内部层面的工作。这也同样验证了两者的本质区别，即："软件测试和软件质量保证是软件质量工程的两个不同层面的工作。软件测试只是软件质量保证工作的一个重要环节。"

本章小结

本章主要介绍了软件质量是表征软件产品满足明确和隐含需求的能力的特性或特征的集合以及软件质量模型McCall、Bohm和ISO。软件质量保证(SQA)是通过建立一套有计划，采用系统的方法，向管理层汇报项目情况，解决项目不能解决的不符合项，QA负责过程检查，QC负责产品检查。除此以外，本章还重点了解到测试和质量保障的联系，知道测试对提高软件质量起了关键的作用，但它只是软件质量保证中的一个重要环节。

练习题

一、判断题

1. 质量保障是通过对软件产品和活动进行评审和审计来验证软件是合乎标准的。
（　　）

2. 软件质量保证组在项目开始时就一起参与建立计划、标准和过程。（　　）

3. 软件质量模型为McCall、Bohm和CMMI。（　　）

4. 软件质量包括：易用性、可移植性、可靠性、功能性、可维护性、效率性。（　　）

5. 软件质量保证(SQA)是建立一套有计划、有系统的方法，来向管理层保证拟定出的标准、步骤、实践和方法能够正确地被所有项目所采用。（　　）

二、选择题

1. 判断下列哪种方法会减少成本（　　）。
   A. 让客户去找缺陷　　　　　　　　　B. 发现缺陷而不是预防它们
   C. 预防缺陷而不是发现它们　　　　　D. 忽视小的缺陷

2. 软件质量包括（　　）。
   A. 功能性、可靠性　　　　　　　　　B. 效率、可维护性
   C. 易用性、可移植性　　　　　　　　D. 可行性、连通性

3. 软件质量是贯穿软件（　　）的一个极为重要的问题。
   A. 开发　　　　　B. 生存期　　　　　C. 度量　　　　　D. 测试

4. 质量保证，它是为保证产品和服务充分满足（　　）要求而进行的有计划、有组织的活动。
   A. 开发者　　　　　B. 生产者　　　　　C. 测试者　　　　　D. 消费者

5. 对软件产品,一般有 4 个方面影响着产品的质量,除了过程质量、人员素质及成本、时间和进度等条件外,其中很重要的是(　　　)。

A. 概要设计说明　　　　　　　　B. 需求规格说明

C. 详细设计说明　　　　　　　　D. 开发技术

三、简答题

1. 软件质量的定义。

2. 软件质量保证的定义。

3. 质量控制中的测试技术有哪些?

参 考 文 献

[1] 曲朝阳,刘志颖. 软件测试技术[M]. 北京：水利水电出版社,2006.

[2] Myers J,Tom Badgett,Corey Sandler. 软件测试的艺术(原书)[M]. 3 版. 北京：机械工业出版社,2012.

[3] 陈能技,黄志国. 软件测试技术大全[M]. 北京：人民邮电出版社,2015.

[4] 佟伟光. 软件测试[M]. 2 版. 北京：人民邮电出版社,2015.

[5] 克里斯平,格雷戈里. 敏捷软件测试[M]. 孙伟峰,崔康,译. 北京：清华大学出版社,2010.